いま何が問われているか

水俣病の歴史と現在

まえがき

久保田　好生

編者両名が「水俣病を伝える新たな書籍を作れないか」との相談を受けたのは、水俣病公式発見60年にあたる昨年の夏だった。ＮＨＫの「クローズアップ現代」が、患者補償で倒産寸前のチッソを1970年代末の政府がどう助けたかの裏話を報じたことも、版元が刊行を発案する契機だった。

第Ⅰ部では、そのスクープ報道の原資料研究をはさみつつ、水俣病事件と運動の経過を、現場に身を置く報道者と支援者が伝える。この第Ⅰ部と、第Ⅲ章の第二世代訴訟原告の証言から、今に至る水俣病の概要を把握することができる。

しかし、水俣病をめぐる運動や研究は、国内外の重要課題とも密接につながる。第Ⅱ部では、水銀規制条約・カナダ水俣病・福島原発事故という三つの問題を、関わってきた研究者が報告・考察する。そこで問われていることは、それぞれに、水俣の患者・住民の経験や教訓と連動している。こういった＜遠心的＞な関連テーマを併せ収める水俣病書物は、珍しいかもしれない。

他方、水俣病をどう伝え、また、自己につながる問題としてどう受け止めるかを考えると、＜求心的＞な思索が欠かせない。第Ⅲ部では、その前に収めたコラムも含めて、単なる知識にとどまらない報告や考察が、教育・研究や伝承に関わる多様な筆者によって述べ尽くされている。

本書の仕上げの時期に、スイスのジュネーブで、水銀規制の国際条約（水俣条約）の第１回締約国会議が開かれた。水俣から参加した胎児性患者の坂本しのぶさんが「みんな体が悪くなっています。今も裁判で闘っている人がおります。水銀が埋め立て地に残っております」と現状を伝え、「女の人と子どもを守ってください」と締めくくって各国の参加者の心を打った。その報道に接し、現代史の、重要な課題の一つに立ち会っている

のだという認識を新たにする。

本書で寄稿をお願いした方々は、還暦を迎えた胎児性患者たちと年齢が近い世代が多いが、30・40歳代の筆者も含まれる。総じて、伝える側の「第二世代」ということになるが、しのぶさんが不自由な体から絞り出すように発した「水俣病、は、終わって、おりません」という言葉を、さまざまな角度から跡付け、未来に向けて考察した一冊となっていればありがたい。

目次

第Ⅰ部　歴史と現在

第1章

20世紀の水俣病

高峰　武

1.はじめに

「私は、昭和31年、水俣病公式確認の年に生まれました。生まれたときから水俣病の胎児性患者です。それで、健康な自分を知りません」

2017（平成29）年5月1日、水俣市の水俣湾埋め立て地で行われた水俣病犠牲者慰霊式。患者・遺族代表の滝下昌文さんはこう語り始め、2017年2月11日に水俣市文化会館で開かれた「若かった患者の会」が主催した「石川さゆりコンサート」を振り返った。寒風が吹いた2月、会場には滝下さんをはじめ、上気した顔の胎児性水俣病患者の姿があった。1978（昭和53）年9月、同じ水俣市文化会館で行われた石川さゆりさんのコンサート。「自立したい」という胎児性患者たちの思いが実現させたコンサートだった。あれから39年。再び取り組んだコンサートだが、主催団体名は「若い患者の会」から「若かった患者の会」となった。会場で、実行委員会を代表して滝下委員長が「これまで支えてくれた親や家族たちを失い、大きな不安を抱えてい

2017年水俣病犠牲者慰霊式患者遺族代表の
滝下昌文さん（右）

ますが、これからも私たちの人生は続きます。石川さんの歌や皆さんの思いがこれからを生きる私たちの力になります」とあいさつすると、石川さんが「同じ熊本に生まれ、前のコンサートから39年。一生懸命生きるってすばらしいですね」と応えた。コンサートが始まり、会場に石川さゆりさんの艶のある歌声が響く。じっと聞き入る胎児性患者たち。昼夜合計1,800席を埋めた満員の観客。胎児性の患者たちも還暦である。生を受けてから何という時間の長さだろうか。

あのコンサートから3カ月。慰霊式の日の水俣は暖かい日となった。滝下さんは患者・遺族代表として、こう語りかけた。

「私は、今回のコンサートの開催にあたり、みんなのがんばりを身近に感じ、今後生きていくための大きな力や自信になりました。また、たくさんの人達の支援をいただき、感謝の気持ちでいっぱいです。過去は変えられません。しかし、私達がこうして精一杯生きることが、息子や未来に向かって生きている誰かの心の支えになればと思います」

滝下さんには22歳になる長男がいる。その長男にあてた父親としてのメッセージも今回のあいさつに込めた。

慰霊式は1992年に始まったが、「行政主導で問題の幕引きにつながる」として参加を拒否する患者団体もあった。1994年1月、水俣市長に初当選した吉井正澄さんが同年5月1日の慰霊式で「犠牲になられた方々に対し、十分な対策を取り得なかったことを、誠に申し訳なく思います」と市政の責任者として公式の場で初めて謝罪。そして「今日の日を市民みんなが心を寄せ合う『もやい直し』の始まりの日といたします」と誓った。

こうして慰霊式に多くの患者の姿も見られるようになり、患者・遺族の代表あいさつも続いている。

2016年の患者・遺族を代表して「祈りの言葉」を語ったのは90歳になる大矢ミツコさんだった。

昨年の開催は2016年10月29日。例年、水俣病が公式に確認された5月1日に行われるのだが、同年4月に起きた熊本地震の影響で半年ほど延期されての開催となったのだ。18歳で熊本県水俣市の北隣の津奈木町から水俣市明神の漁師に嫁いだミツコさん。「主人と主人の両親を水俣病で奪われるとは、夢にも思わなかった」というミツコさんは苦難の60年をこんなふうに振り返った。

「あのような、恐ろしいケイレンがきて、ばたばた暴れるし、立つことも、歩くこともできんようになって、最後には言葉も何も出らんようになったですね。あの時、長男の芳昭の赤白帽子を胸にしっかり抱きしめて泣いていましたね。それからあなたの命は、わずか20日でした。まだ38歳になったばかりで、病気の名前も原因も知らないで、さぞかし、無念だったでしょう」

この章のテーマは、「20世紀の水俣病」である。水俣病の公式確認はチッソ付属病院が、原因不明の疾患が発生していると水俣市の水俣保健所に届け出た1956（昭和31）年5月1日とされているが、当然のこととして突然こうした事態が生まれたわけではない。長い前史があり、原因があって、結果がある。「20世紀の水俣病」の章を書き始めるに当たって、まず踏まえておきたかったのは、被害者の声を聞く、ということである。海辺の町に住んでいた普通の人たちに何が起きたのか。「病気の名前も原因も」知らずに亡くなった人たちが数多くいる。私たちはまずこのことを忘れないようにしたいと思う。

年表を見て、気付くことがある。チッソの発足は1908（明治41）年である。1906年に野口遵（したがう）が鹿児島県大口村に曾木電気を設立し、2年後にその電力を使って日本窒素肥料（株）＝1950年に新日本窒素肥料（株）、65年にチッソ（株）と社名変更＝がスタートするのだが、くしくも1908年は第二の水俣病と呼ばれる新潟水俣病を引き起こす昭和電工が創業された年でもある。水力発電を電気化学にいかそうと、森矗昶（のぶてる）が創業した。昭和電工という社名になるのは1939（昭和14）年だが、明治末の同じ年にスタートを切った会社が、それぞれ熊本と新潟で水俣病を引き起こしている。偶然、ということなのかどうか。

これから「20世紀の水俣病」の長い歴史をたどっていく。

2.前史と始まり

田中姉妹

1956（昭和31）年4月、水俣市月浦坪谷（つぼだん）の田中実子さんと姉の静子さんが水俣市のチッソ付属病院に入院する。チッソ付属病院は水俣で最も充実した病院だったが、2人の病状は医師たちがこれまで経験したことのない症状だった。同病院の細川一院長の指示で、小児科の野田兼喜医師が5月1日、水俣保健所に、原因不明の疾患が発生していると報告する。水俣病の公式確認である。当時、静子さんが5歳、実子さんは3歳の誕生日を目前にした2歳11カ月だった。

静子さんは亡くなったが、実子さんは今、長姉の下田綾子さんとその夫の良雄さんと暮らす。綾子さんは1995年の政府解決策の対象者で、良雄さんも水俣病の認定患者。病者が病者を介護しているのだが、こうした状況は、水俣病被害者の一家では珍しいことではない。

ある日、静子さんが茶わんを落とすようになった。船大工の父親、義光さんが怒ってたたく。それでも茶わんは持てない。田中一家の水俣病の始まりだった。経済的困窮に加えて、伝染病も疑われたことから、周囲からは厳しい視線が向けられた。綾子さんは「猫の子のように肩を寄せ合って暮らした」と言う。

水俣病患者らがその思いの丈をぶつけた1970年11月のチッソ株主総会。白装束の巡礼姿でご詠歌を歌いながら会場入りしたが、ご詠歌を先導したのが義光さんだった。田中家は水俣病一次訴訟の原告。義光さんは水俣病一次訴訟の証人として出廷したチッソの西田栄一元水俣工場長への尋問でこう語りかけている。「あなたも、一度くらい私の家庭にきて、うちの子どもを見て、今後人間というものはこうして生きねばならないということを、よく勉強しなさい」

今、実子さんの身長は140cmほど。体重は30kg前後。2日間眠りっぱなしで1日起きっぱなし、あるいはその逆の日々。下田さん夫婦が体調を壊し、24時間ヘルパーの介助も受けているが、肉親としての気掛かりに変わりはない。

猫の異変

1954（昭和29）年8月1日付の熊本日日新聞朝刊3面に3段見出しのこんな記事がある。

「猫てんかんで全滅　水俣市茂道　ねずみの激増に悲鳴」

水俣病に関連したものとしては初めての記事である。田中姉妹が入院して公式確認となる2年前のことだ。

茂道は120戸の漁村。6月初めごろから急に猫が狂い始め（注・地元ではねこテンカンと言っていた）百余匹いた猫が全滅し、反対にねずみが急増、大威張りで荒らし回り、あわてた人々は各方面から猫をもらってきたが、これまた気が狂ったようにキリキリ舞いして死んでしまうので市にねずみの駆除を訴えた・・・。

記事はおおよそこういうことを伝え、「この地区には水田がなく農業の関係も見られず、不思議議がるやら気味悪がるやら」とややおどけたトーンで結んでいる。

短い記事だが、よく読むと幾つものヒントがあることが分かる。まずは、茂道が漁村ということだ。そこで猫が死んでしまう、もらってきた猫も死ぬ。ということは、猫に原因があるのではなく、その土地に問題がありそうだ。漁村で猫が主に食するものは何か。まず浮かぶのは魚介類だろう。水田もないので農薬もどうやら関係なさそうだ。歴史を遡行してみれば、多くの示唆を与えているのだが、これ以降、水俣病がうかがわれる記事はない。

茂道はその後、水俣病患者多発地区となり、猫の被害を市に届けた漁師とその妻は水俣病と認定され、漁師の男性はチッソによる漁業補償の一環としてチッソに雇用されることになる。

実はこの時、不知火海沿岸の各地で鳥の落下や魚が浮くなど自然界の異変が起きていた。

その後明らかになっているだけでも、1950年前後、タコやスズキが手

で拾えるようになり、水俣市百間のチッソの工場排水口付近に船をつなぐとカキが付着しなかった。それほどの汚染だったのである。以後、年を追うごとに魚の浮上、カラスの落下、貝の死滅が広がり、猫の狂死が水俣湾周辺で数多く見られるようになっている。そして人の健康被害が起きていたことが後で分かる。

チッソ水俣工場の歴史は後述するが、見方によっては工場排水による汚染と漁業被害の歴史でもあったと言うことができる。さらに言えば、チッソによる環境の私物化である。漁民と工場との紛争は大正時代から始まっており、1926（大正15）年、数年来チッソに補償を申し入れてきた水俣漁協は、困窮のために補償要求を取り下げ、代わりに永久に苦情を申し出ないという条件で、チッソから見舞金1,500円を受け取っている。その後も漁業権を放棄しては埋め立てを認め、補償金をもらうことを繰り返す。1952（昭和27）年、地元からの要望を受けて熊本県水産課の三好礼治係長が現地調査を行い、報告書（復命書）で「排水に対しては必要によっては分析し成分を明確にしておくことが望ましい」と指摘した。報告書には「工場排水処理状況」が添付され、そこには酢酸工程の原材料として「水銀」が明記されていたが、報告書がその後の水俣病の原因究明に生かされることはなかった。

「小児奇病」

1956（昭和31）年5月4日の日付で、熊本県水俣市の水俣保健所長から熊本県衛生部長へあてた「水俣市字月浦附近に発生せる小児奇病について」と題する報告がある。

そこには田中静子さんの症状がこう書かれている。

「四月十四日前後より手及び足の強硬性麻痺症状現れ、毎夜不眠となり泣き続け（中略）、また言語発音不明瞭であり、食餌をとらざるに依り鼻腔より栄養を摂取せしめあり」

県衛生部長への報告で目を引くのは、タイトルが「小児奇病」となっていることだ。報告はこう続いている。

患者宅の猫及び近所の猫が次々にけいれんを起こし、死亡。発病より10日くらいして火の中に入ったり、海中に飛び込んで死亡。

6歳の男子は小児麻痺と言われ、現在両手屈曲のまま硬直状態である。

女子7歳は手足が悪く、静子と同様の症状。

近所の55歳くらいは一昨年より足がきかなくなり次に手がきかなくなり、口もきかなくなり発狂し熊本市内の精神病院に入院して居る。

小学3年生は小児麻痺と言われ死亡、これを看病した叔父さんも間もなく発病し同様の症状で死亡した。

田中一家の周辺でどんなことが起きていたかが分かる。すさまじい事態である。

1956年8月3日、熊本県衛生部長から厚生省公衆衛生局防疫課長にあてた電報はこう報告する。「管下水俣市に原因不明脳炎様疾患多発7月末現在患者18。死者3名」

実子さんの家は、窓から魚が釣れるような海辺にあった。環境汚染によって真っ先に影響を受けるのは、自然に依拠して暮らしている人たちである。そして、社会的弱者としての子どもたち。水俣病は自然とともに暮らす弱者にまず現れたのである。しかも、それは食卓で起きていた。後に分かる水俣病の発生径路は、工場を上流とすれば、工場排水→海→魚介類→人間という食物連鎖のサイクルとなるが、住民の立場からすれば、家族だんらんであるはずの食卓から悲惨な事件は始まったのである。

1956年という年は経済白書が「もはや戦後ではない」とうたった年である。これは一般には「戦後が終わった」という前向きなニュアンスで語られることが多いが、高度成長を演出した池田勇人首相の秘書官を務めた伊藤昌哉氏によれば、この言葉は「戦後復興という頼るべき材料がなくなった」という逆の意味だったという。その後の高度成長の実現が、もとの意味を離れて次の時代を招来する明るいイメージをもたせたのかもしれない。一橋大学生の石原慎太郎氏が「太陽の季節」で芥川賞を受賞するそんな時代に、東京から遠く離れた熊本、その熊本からさらに遠く離れた鹿児島県境南端の海沿いの町で水俣病が確認されたのである。首都・東京とダ

イレクトにつながっていたのがチッソだった。

「奇病対策委員会」

5月28日、水俣保健所、医師会、市立病院、チッソ付属病院、水俣市衛生課の5者からなる「水俣市奇病対策委員会」が設置される。患者発生の実態調査を行うとともに開業医のカルテが再点検され、アルコール中毒や脳梅毒、脳卒中、日本脳炎等の診断名が付けられていた30人の患者を同様の症状と確認し、①発生は1953（昭和28）年までさかのぼることができること ②患者が漁村に集中していること ③一家に何人も発生していること―などが分かった。これらはチッソ付属病院の細川院長によってまとめられ、1956年8月29日、熊本県に報告された。官民挙げての素早い対応で、患者宅の訪問などの臨床疫学調査はその後の水俣病研究の支えともなった。

8月3日、熊本県は熊本大学医学部に原因の究明を依頼した。

11月3日、熊本大学医学部研究班の第1回研究報告会が開かれた。伝染性疾患の疑いが消えて、重金属中毒が疑われ、人への侵入径路は魚介類、その汚染原因としてチッソ水俣工場の排水が注目されることになった。約半年で、化学物質に汚染された魚介類の摂取による発症、と絞り込んだことになる。

1956年末時点で確認された患者は54人、うち17人が死亡していた。死亡率の高さが際立っていた。

初期対応の問題が幾つか指摘される。その一つが、家族集積性、地域集積性が顕著なことから、当初、伝染病の可能性が疑われて、消毒剤が散布されたが、こうした行為が恐怖感とともに強い印象で周辺住民に残った、という指摘である。生活に困窮する患者もいたことから公費で入院費を負担するために「疑似日本脳炎」という診断書で水俣市の伝染病棟に収容したケースもある。こうしたこともあって、伝染病というイメージがそのまま残った、という。

事件史では猫が重要な役割を果たしている。冒頭で紹介した茂道の「猫てんかん」の猫もそうだが、人為的な猫実験もあった。よく知られるのが水俣保健所の伊藤蓮雄所長の猫実験だ。熊本大学医学部の武内忠男教授（病理学）から依頼された伊藤所長は保健所２階の所長室の隣室に７匹の猫を飼い、水俣湾産の魚介類を与え続けた。最も早い猫は１週間で発症。遅い猫でも47日で発症している。１週間で猫が発症するとは、驚くべき濃厚汚染である。こうした魚介類が日常の食卓に上がっていたことになる。また世良完介教授（法医学）は健康な猫を水俣市の茂道や湯堂の漁家などで飼ってもらったが、依頼した猫8匹は33～65日ですべて発症した。

食品衛生法

国立公衆衛生院、熊本大学医学部研究班、水俣保健所長などが参加する厚生省の厚生科学研究班の第１回研究会が開かれたのは1957年１月。同年３月には、「熊本県水俣地方に発生した奇病について」を厚生省に提出する。報告書は ①水俣湾において漁獲された魚介類の摂取による中毒 ②汚染しているのはある種の化学物質ないし金属類と推測 ③今後の研究方針としては、疫学、病理学、毒物学的究明が重要で、チッソ水俣工場の十分な実態調査を行いたい-などとしていた。

猫実験の結果も含め、水俣湾の魚介類を食べたことによって起きる中毒との疑いが強まったことから熊本県は、水俣湾の漁獲禁止の検討を始めた。

参考にしたのが、静岡県浜名湖のアサリ貝中毒事件だった。浜名湖では1942（昭和17）年、1949年に死者が出る中毒が発生すると、静岡県は直ちにその区域での貝類の採取・販売・移動を禁止した。1950年にも患者12人が出ると、静岡県は食品衛生法に基づき、浜名湖内の該当区域の貝類(カキ、アサリ）の販売を禁止した。

熊本県では、捕獲や摂食を禁じる知事告示を出す方針を決めて1957（昭和32）年８月、厚生省に食品衛生法の適用の可否を照会した。この時の状況を当時、熊本県の公衆衛生課長をしていた守住憲明氏はこう証言する。（1984年、水俣病三次訴訟第１陣）

「こんな重篤な中毒事件が発生したのは世界で初めて、前例がない。食品衛生法の適用が一県の感覚だけでいいものか、将来のこともあるので、厚生省に可否を確かめて適用すべきだ、というのが（水上長吉）副知事の意見だった」

1957年9月。厚生省公衆衛生局長から熊本県知事への回答は「水俣湾内特定地域の魚介類のすべてが有毒化しているという明らかな根拠が認められないので、当該特定地域にて漁獲されたすべてに対し食品衛生法第4条第2項を適用することはできないものと考える」というものだった。

「不可能を強いるもの」というのが守住氏の受け止めだった。厚生省の言う通りだとすれば、水俣湾を締め切り、すべての魚介類をとって、すべて猫に食べさせ、そして発症を確認する実験でもしない限り、不可能なことであった。

厚生省の回答は、水俣病の拡大を防ぐ大きなチャンスを失ったことを意味している。食中毒事件としてこの時点で魚介類の摂取をやめて調査をしておれば被害者ははるかに少ない規模にとどまり、その後の水俣病事件は違う展開をたどったのではないか。通常の食中毒事件では例えば、症状を訴える人に共通するのが「仕出し弁当を食べた」ということであれば、そこから原因究明と対策が始まる。水俣病で言えば「仕出し弁当」にあたるのが「魚介類」である。食中毒事件のように、「水俣病は水俣湾産の魚介類による集団食中毒事件」として見れば、漁獲禁止措置が導かれるはずだが、しかし実際はそうはならず、仕出し弁当の中の病原菌を探すことに焦点は移っていった。

なぜそうなったか。前例のなさやチッソへの配慮などさまざまな事情が指摘されてはいるが、いずれにしろ残ったのは漁獲禁止がなされなかったという事実だ。

その翌年の1958年9月、チッソは水俣湾につながる百間排水路から、水俣川河口の「八幡（はちまん）プール」に排水路を変更した。「八幡プール」はもともとカーバイド残渣の捨て場として海岸を埋め立てて造ったもので、排水処理施設ではなかった。1959年3月になると、今度は水俣川河口付近の漁民から新たな患者の発生が報告されるようになった。汚染の拡大である。排水路変更は排水の希釈を狙ったとされるが、この変更は1988（昭和63）年に最高裁で確定した、チッソの吉岡喜一元社長と西田栄一元工場長が有罪（業務上過失致死傷罪で禁固2年、執行猶予3年）となった水俣病刑事裁判で、有罪確定の大きな決め手となった。

放置されたままの八幡プール（1973年3月）

1通の文書がある。1959年3月24日、熊本大学医学部第一内科の徳臣晴比古助教授が、熊本大学の鰐淵健之学長に宛てたものだ。文面にはこうある。「水俣病新患報　3.24日診察の結果をご報告申し上げます　現在密漁者多く患者発生の恐や大と思います」。続いて、漁業男性の視野狭窄、知覚障害などの記載があり、「毎日刺身をかかしたことはない」という食生活を書きとめている。報告で注目したいのは、当時、「患者発生の恐」を医者たちが極めて深刻に受け止めていたことだ。「密漁者」とあるが、この時点でもまだ法的な規制はなされておらず、「密漁者」という言い方は正当ではないが、いずれにしろ、被害の広がりに対して明確で具体的な対策はとられなかった。

有機水銀説

1959（昭和34）年は水俣病問題が大きな展開を見せた年だ。

原因物質としてセレン、マンガン、タリウムなどが挙がる。チッソ工

場内の残渣や排水口の泥土からこの3種の重金属が高濃度に検出されていたが、しかし、これらでは水俣病特有の症状を再現することはできなかった。こうした中、武内教授、徳臣助教授らがそれぞれ有機水銀に迫っていた。

1959年7月、熊本大学の研究班は「水俣病の原因は水銀化合物、特に有機水銀であろうと考えるに至った」と正式発表する。

きっかけは、1940（昭和15）年にハンター、ボンフォード、ラッセルの3人の医師が書いた論文である。イギリスの種子消毒工場において4人の作業員がメチル水銀蒸気を吸い込み、劇症の中毒となった症例報告だった。そのうちの1人が発病から15年後に死亡し、ハンター、ラッセルの両医師がその詳細な病理所見を記載した論文（1954年）もあった。脳の病理所見では、水俣病患者のそれと極めて類似していることを武内は見い出し、徳臣らが臨床面で直面していた感覚障害や運動失調、視野狭窄なども報告されていた。また喜田村正次教授（公衆衛生学）は水俣湾底土の水銀汚染が百間排水口泥土の2,000ppm（湿重量）以上を最高に排水口から遠ざかるに従って低下するデータを示し、「水銀はチッソから排出されたものである」とした。

有機水銀説にたどりついた研究班だが、あとから見れば反省点も残した。

チッソの非協力的な態度の中で研究を進めた研究班だったが、例えば工学部や理学部といった分野との幅広い組織的な協同体制はできなかった。アセトアルデヒド製造で水銀を使う工程は広く知られた反応で、工学系の研究者の参加があればもっと早く有機水銀に到達したのではという指摘がある。一方で、研究班内部では「情報の共有」という視点は弱く、医学部の各研究室ごとに動物実験を繰り返すというようなことも続いた。これらは今後、新たな疾患と直面した時の大きな教訓ともなろう。

手探りの感があった当時の熊本大学研究班だが、2016（平成28）年に「有機水銀中毒の発生は日本でも1932年には予見可能であった」という入口紀男熊本大学名誉教授の研究が出された。入口氏の研究では、世界最初のメチル水銀中毒症は1865年に英国・ロンドンの聖バーソロミュー病院で3人のメチル水銀に触れた技術者が中毒症になり、2人が死亡した出来事。1916年には世界初のアセトアルデヒドの量産を始めたドイツの工場で、多くの従業員が排泥に触れ発症、このためスイスの大学教授らの指導で排泥は川に流さず地中に埋めた、という。入口氏は、聖バーソロミュー病院での出来事やアセトアルデヒドの製造過程で有機水銀が発生することを記した文献資料は戦前に熊本大学を含む国内の大学や研究機関の図書館にあったとして、「ほんの少しの注意を払っていれば(水俣病は) 予見可能だった」としている。

この問題は今後、さらに深堀りされねばならないテーマであるが、時代を戻して1959年に時点に戻って考えると、有機水銀説の発表で、チッソ水俣工場に向けられる目は一段と厳しくなった。

11月2日、衆議院調査団が初めて水俣入りし、視察。不知火海沿岸漁民は同日、総決起大会を開いて排水浄化装置完成までの操業停止などをチッソに求めたが、チッソが交渉を拒否。このため、漁民約1,000人がチッソ水俣工場に乱入して警官隊と衝突、100人を超す負傷者を出す事態となった。この件では、漁民側の幹部3人が執行猶予付きの懲役刑、52人が罰金刑を受けたが、熊本県警本部長としてその後の水俣病刑事事件(1976年起訴) の捜査を指揮した武藤昭氏は、後に最高裁でチッソ元社長らの業務上過失致死傷罪が確定したことを挙げて、「(漁民騒動で有罪となった人の) 再審に寄与しないでしょうか」と問題提起している。

漁民の動きを受けて11月7日、水俣市長、市議会議長、商工会議所会頭、地区労議会長ら28団体の代表50人が寺本広作県知事に陳情を行った。目的は、「水俣工場の廃水停止は困る」というものだった。この行動を伝える熊本日日新聞の記事によると、「陳情団の話では、市の市税総額1億8千余万円の半分以上を工場に依存し、工場が一時的にしろ操業を中止すれば、5万市民は何らかの形でその影響を受ける」とある。

「オール水俣」とでも呼ぶべきメンバーの行動は、長年、チッソとともにあった市民意識の反映でもある。この時の「オール水俣」に入ってい

ないのは漁民であった。圧倒的多数の「オール水俣」と、少数の漁民。いかに漁民が孤立していたかが分かる。

幕引き

熊本大学の有機水銀説に対して、チッソは単なる推論だと反論し、東京工業大学の清浦雷作教授や日本化学工業協会の大島竹治理事らもそれぞれ有機水銀説を否定する論陣をはった。会社、中央の学者、業界という三者一体となっての反論は、熊本大学研究班の有機水銀説を「中和」する役割を果たすことになる。

1959年11月の漁民による工場への乱入などもあって、水俣病問題は全国ニュースとなったが、それは「治安問題」という側面が強かった。当時の熊本県警のトップの記憶に残っていたのは漁民の工場乱入の問題であった。治安問題としての水俣病であり、患者をめぐる記憶は薄かった。

1959年には象徴的な出来事がいくつかある。いずれも水俣病問題の幕引きを念頭に置いたものと言える。

一つは、厚生省食品衛生調査会水俣食中毒特別部会の解散である。1959年1月に、厚生省食品衛生調査会の中に水俣食中毒特別部会が発足、代表には熊本大学の鰐淵健之学長が就いていた。11月12日、食品衛生調査会で鰐淵氏が「水俣病の主因をなすものはある種の有機水銀」と厚生大臣に答申。13日の閣議でこの答申が報告されると、池田勇人通産相が、有機水銀が工場から流出したとの結論は早計だと反論、答申は閣議了解とはならなかった。一方で、「医学的な原因解明は終わった」として、水俣食中毒特別部会は解散を命じられ、窓口は経済企画庁に移った。代表の鰐淵氏は事前に知らされていなかった。

当時の通産省の雰囲気について通産省から経済企画庁に出向し、対策の原案を練っていた人のこんな証言がある。「『頑張れ』と言われるんです。『抵抗しろ』と。（排水を）止めたほうがいいんじゃないですかね、なんて言うと、『何言ってるんだ。今、止めてみろ。チッソが、これだけの産業が止まったら日本の高度成長はありえない。ストップなんてならんよ

うにせい』と厳しくやられたものね」（「戦後50年　その時日本は」第3巻）

チッソの吉岡喜一元社長と西田栄一元工場長が業務上過失致死傷罪に問われた水俣病刑事事件で、1978（昭和53）年4月に行われた通産省の秋山武夫軽工業局長の尋問調書がある。秋山局長はこう答えている。「地方の問題としては既に大きな問題となっていたんだろうと、これはむしろ事後の感想と言いますかね、そうであったんじゃないかと思いますけれど、当時の私たちの認識として、これはもう全国的な大問題というようなところの認識までは到底なっていなかったと思います。記録を見れば私の就任前に既に死亡者が出ていたように書いてあるんですけど、しかしそれは今申し上げた火薬の爆発による目の前の死亡とは違って、死亡とその工場の操業との具体的な因果関係というものは私たちにはまだはっきりされるような状態のものではなかった」

秋山氏が言う「火薬の爆発」とは当時、首都圏で起きていた火薬の爆発事故のことである。そしてこうも言っている。

「とにかく肥料その他の化学製品の生産の増強ということに一番価値の選択をしていた時代の話でありますから、それを差し置いて更にそれよりも優先する判断をすると、つまり工場の排水を止めるという行為に出る前にやはり排水の質の改善と言うか、無害化ということが出来るか出来ないかというような研究をするのが当然だろうと私は思います」

以後、水俣病の原因究明は水質保全法を主管する経企庁が調整役を務める「水俣病総合調査研究連絡協議会」が進めることになるが、結局、4回開かれただけで、協議会は立ち消えとなる。1959年11月、水産庁は水質保全法と工場排水規制法、いわゆる水質2法を発動して工場からの排出停止などを求めるが、結局、受け入れられることはなかった。皮肉なことに、水産庁が求めた排水停止はこれから45年後の2004（平成16）年、最高裁は国がやるべきことをやらなかった不作為と判示、水俣病事件での国の法的責任が確定することになる。

二つ目は、通産省の指導で水俣工場にサイクレーターという排水浄化装置ができたことだ。12月24日の完工式では、当時の吉岡喜一社長がコ

ップにくんだ水を飲んでみせるというパフォーマンスまで行ったという。しかし、このサイクレーターの発注は汚濁水をきれいにする機能だけで、水銀除去を目的とはしていなかった。しかもアセトアルデヒド製造工程の廃水はサイクレーターには流していないともされる。後にこの事実を知った寺本知事は「不明というほかない」と手記に記しているが、サイクレーターの完成によって工場排水は安全になったという社会的PR効果は大きかった。

三つ目は寺本知事ら５人による「不知火海漁業紛争調停委員会」による漁業補償と水俣病患者家庭互助会から出ていた補償要求に対しての対応である。

漁業関係では、3,500万円の損失補償などの調停案を漁民が受け入れた。

水俣病患者家庭互助会には見舞金として死者30万円の弔慰金と２万円の葬祭料、生存患者は成年年金10万円、未成年同じく３万円を示した。11月に１人当たり300万円、合計２億3,000万円の補償金を求めてチッソ水俣工場前にテントを張って１カ月。座り込みを続けた患者家族の孤立無援ぶりは、テントを貸していたチッソの組合から返却を求められたことが象徴する。

暮れも押し詰まった12月30日、患者たちは水俣市役所で契約書に調印する。「見舞金契約」である。第４条には水俣病の原因がチッソの排水ではないと決まれば、見舞金は打ち切る、一方、第５条には、水俣病の原因が将来、「工場排水に起因することが決定した場合においても新たな補償金の要求は一切行わない」とあった。「魚はとっても売れん。働き手は倒れてしまった。食うためには一銭でも必要だった」。水俣病患者家庭互助会員で、後に市立水俣病資料館の語り部を務める浜元二徳さんの述懐である。

その後、物価スライドで一部改定も話し合われた見舞金契約だが、裁判で「公序良俗違反で無効」と明示されるのは、14年も後の水俣病一次訴訟判決の時である。

見舞金契約で登場するのが水俣病患者診査協議会だ。見舞金の対象者を選ぶ協議会はその後の認定審査会となって今に続いている。本人が申請し、結論は医師による審査会委員の全員一致とされるこのシステムが後に多くの複雑な問題を起こしていく。発足は1959年12月25日。本来は当事者で決められるべき対象者を国から委嘱された医師が審査して決定するもので、厚生省公衆衛生局に臨時に設置され、その後、1961年に改組され熊本県衛生部が主管する水俣病患者診査会、1964年に熊本県条例による水俣病患者審査会となった。1960年の水俣病患者診査協議会第1回会合で規定が作られ、水俣病の見舞金を求めるものは主治医の意見書を添えて申し出、決定は診査委員の全員一致と決められた。この認定制度の根幹の枠組みはその後も変更されることはなく、被害者からは「認定の切符切り」とも揶揄されるようになっていく。

付属病院長

水俣病事件で重要な役割を果たす医者がいる。細川一氏。

前記したように細川氏は水俣病の発見者であった。そして、工場廃水を直接猫に投与する猫400号実験で水俣病の原因が工場廃液にあることを突き止め、水俣病一次訴訟では、がんのため入院中の病院で裁判所の臨床尋問を受け、チッソの過失責任を認めた判決に至る決定的な証言を行う。

細川は1901(明治34)年に愛媛県に生まれた。東京帝国大学医学部卒。チッソ創業者・野口遵の遠戚筋の紹介でチッソに。軍医などの後に戦後、チッソ付属病院長となった。

細川は「細川ノート」と呼ばれる詳細なメモのほか、雑誌に依頼されて書いた原稿を残しているが、そこには「会社病院」の医師としての悩みがつづられている。

「新しい病気を発見したという喜びと、大変な病気を発見してしまったという悲しみ、これは医師として、表現しにくい奇妙な感情ではあった」(「今だからいう水俣病の真実」)

1956年5月1日の公式確認。実はこの2年前から細川氏の病院には今まで経験したことのない症状の患者が外来に来ていたが、細川氏らは「う

つべき手もないまま」の状態だった。こんな細川氏だったから、田中静子、実子姉妹の入院は「ただならぬ事態」が起きているという実感になったのである。

やがて医師としての細川の目は、水俣病の原因としての工場排水に向いていく。1958年、チッソが工場排水の放流先を百間排水口から水俣川河口に変更した時、細川氏は反対する。「向こうで患者が出たら（犯人という）証明になる」からだ。このころ既に細川の中には工場が原因ではないかという大きな疑念があったはずだ。その疑念は工場の廃水を直接、猫に与える猫実験となっていく。そして1959年10月に猫400号が発症。裁判での細川証言によると以後、実験には会社からストップがかけられ、かん口令が敷かれた。実験の再開は見舞金契約などで水俣病問題が水面下に沈んだ1960年8月以降になる。猫400号は九州大学に病理解剖を依頼したが、慎重な細川氏は1例だけの発症には不安があり、できれば複数のデータをそろえて確認したかったようで、積極的な発表にはならなかった。何より、会社側の意向があった。しかも、証言によればこれ以降、問題の廃水を採取できなくなったという。

病床にあった細川氏を尋問した弁護士の坂東克彦氏は「細川一先生の臨床尋問」とする小冊子の中で、細川氏のこんな言葉を書き残している。話が新潟で起きた水俣病に及んだ時、「水俣病患者のなかには患者でない者がまじって入ることがあるかもしれない。しかし、肝心なのは、入るべき者がぬけてしまってはならないことである。あまりに正確さを求めることには意味がない」。自身が経験した熊本の水俣病での反省にたっての言葉だろう。

細川氏のノートにこんな言葉がある。「現象や症状を調べるだけではいけない。これらは事後の救済には役に立つが、十分な公害防止策には役に立たない。救済よりも、防止の方がはるかに重要なメッセージである」

細川氏は証言から3カ月後の1970年10月に亡くなった。死を前にしての証言だった。享年69。

チッソという会社

水俣市古賀町にあるれんが造りの建物。この建物は、1909（明治42）年に建造されたチッソの旧石灰窒素の工場。この建物の立つあたりがチッソ発祥の地だ。その後、資金難に陥って売却したが、今も建設当時の面影を残したまま。現存するれんが造りの建造物では熊本県内最大級で、水俣市の住宅建設販売業の西文生氏が2016年に購入、保存に向けての検討を進めている。現在のチッソ水俣製造所はこの建物の後、新工場として増設されたものである。水俣という街は至る所でチッソの歴史が顔をのぞかせる。

水俣市古賀町に残るチッソの旧工場（2017年）

野口遵（したがう）が鹿児島県大口村に曾木電気を設立したのは1906年である。金沢生まれの野口は東京帝国大学電気工学科を卒業後、シーメンス東京支社に入社、その後、仙台でカーバイト生産に成功し、実業家としてのスタートを切った。

「東洋のナイアガラ」といわれた曾木の滝の豊富な水を使って電力を起こし、近くの金鉱山などに供給、余剰電力を使って窒素肥料を作った。立地は当初、鹿児島県出水村米ノ津や熊本県芦北町が検討されていたが、水俣村は工場敷地を安価で提供、電柱も寄付するなど積極的に誘致に動いた。以後、熊本県八代郡鏡町や宮崎県延岡市に工場（現在の旭化成）を建設、その後、朝鮮・興南には東洋一の電気化学コンビナートを造り上げた。興南工場の従業員は4万5,000人を数え、肥料、油脂、火薬など軍需産業としても重要な位置を占めた。

「鴨緑江大水力發電工事」という1940年制作の映画がある。朝鮮と満州（現・中国東北部）を流れる鴨緑江に巨大ダムを造る記録映画で、プロジェクトの中心にいるのは野口である。建設現場を当時の満州国幹部で、戦後首相となる岸信介氏や関東軍司令官などが訪れる。アニメの手法も駆

使される記録映画は、さながら可視化された「国策」の感がある。

1945（昭和20）年の敗戦で海外資産をすべて失ったチッソ。水俣工場も米軍の度重なる爆撃で壊滅的被害を受けていたが、政府の傾斜生産方式で重点とされた肥料の生産を再開、再建のスピードを上げる。引き揚げてきた朝鮮窒素の幹部・技術者が水俣工場の指導層となった。

その後、主力となったのはプラスチックの可塑剤の原料でもあるアセトアルデヒドの生産。始まったのは1932年だが、戦後の高度成長の準備期に入ると、生産量は拡大、1955年には1万トン、1960年には戦後のピークである4万5245トンに達し、国内の生産量の3分の1から4分の1を占めた。この工程が水俣病を生む。

水俣市の人口でみれば1889（明治22）年の水俣村制施行時は1万2,040人、1949（昭和24）年の水俣市制時が4万2,270人、人口のピークは1956年、久木野村と合併した5万461人である。2010（平成22）年の国勢調査によれば2万6,978人、ピーク時の半分ほどにまで減少したのである。チッソとともに発展した水俣市は、水俣病公式確認のころが最多の人口だったことになる。

チッソは2010年発刊の「風雪の百年」という社内誌で「水俣はチッソとともに、チッソは水俣とともに、苦楽を共にしてきた。それは宿命的な結び付きである」と書くが、これに似たような記述は随所で見ることができる。

「お国自慢の日窒工場　煙はればれ希望の空に　あげて伸びゆく商工都　肥薩境も津奈木の嶮も　越えて輝け　水俣市」。これは1949年4月1日、水俣市制のスタートを記念して作られた「水俣小唄」の一節。水俣病の公式確認はこの7年後である。さらに1966年に市が発行した「水俣市史」には「水俣に生まれ、水俣と不即不離の中でそだってきた日窒は、町との間柄も一般工業都市には見られぬ血のつながりにも似た交情を深め、歩みをともにしてきた」とある。こちらは水俣病が確認されて既に10年がたっている。チッソの百年史と水俣市側との、相似形とでも呼ぶべき思いの重なり合いは、水俣という地域とチッソという会社の歴史を浮き彫りにするかのようだ。

3.空白―水面下に沈んだ研究成果

1959（昭和34）年の有機水銀説発表以降の食品衛生調査会水俣食中毒特別部会の解散、漁業補償、チッソ水俣工場のサイクレーター完成、見舞金契約を見れば、ここには「水俣病問題を終わらせる」というある種の明確な意思を持った〝流れ〟が感じられる。事実、水俣病問題は1960年から深く水面下に沈んだ。1963年3月の「神経進歩」には、熊本大学医学部第一内科の徳臣晴比古教授らは「水俣病の疫学」と題した論文で、「水俣病も昭和36年以来、新患者の発生をみず、漸く終息した様である」と書いた。1964年の東京オリンピックに日本中が沸いた時、水俣病問題は最も深い淵の中にあった。そしてその空白は、1965年の第二の水俣病と言われる新潟水俣病の確認まで続く。しかし、この間、何もなかったわけではない。

毛髪水銀調査

熊本県衛生研究所が1960年から不知火海沿岸住民約1,000人を対象に3年間行った毛髪水銀調査がある。中心になったのは、熊本大学薬学部の教授から同研究所に移った松島義一氏であった。

毛髪水銀濃度の測定は、水俣病を契機に日本で広く行われ、その有用性が認められた検査法だ。カナダなどでは血中の水銀を測ったデータはあったが、毛髪測定はなかった。

松島氏が1971年に書いた供述書によると、熊本大学医学部の喜多村教授（公衆衛生学）の毛髪水銀調査を参考にして、大規模調査を計画したが、資金不足もあって千代田生命の公募研究に応募して費用を捻出したという。

ここには驚くべき数字が並んでいる。水俣市の対岸にある天草・御所浦島で、平均値で920ppm、根元430ppm、先端1855ppmという毛髪水銀値の女性がいたのである。水俣病発症で要注意の〝目安〟とされる50ppmからすると、この女性の毛髪水銀濃度の異常な高さが分かる。

その後、熊本大学医学部第一内科がこの調査結果をもとに、御所浦地区の毛髪水銀80ppm以上の住民に調査票を送り、自覚症状の調査を行った。しかし、直接、御所浦に足を運ぶことはなかった。当時を知る関係者は、「水俣は熊本から遠かった。御所浦はその水俣のその先の離島で遠いところだった」と語ったことがある。この調査票の存在が明らかになった後、熊本大学医学部の若い医師たちが調査団として御所浦に入り深刻な汚染の広がりを確認、以後、御所浦は患者多発の島となる。

「私としては、調べたデータが検診や病気発見の手掛かりになればと願っていたのですが、県衛生部も熊大も、そのような活用については全然考慮してくれなかったのは残念であり、疑問に思うところでした。（略）私としては、せっかく検査しても、何ら有効に生かされないことから徒労感もありました」（供述書）

こうした御所浦のケースのように、不知火海沿岸では医療の手も差し伸べられず、病気の原因も告げられないままに亡くなった人は少なくない。

〝真犯人〟を見つけた

1963（昭和38）年2月17日付熊本日日新聞の1面トップは「製造工程中に有機化　熊大研究班　水俣病の原因で発表」。熊本大学医学部の入鹿山（いるか）且朗（やまかつろう）教授（衛生学）が、水俣病の原因物質と見られている有機水銀化合物を、チッソ水俣工場の酢酸工場から直接採取した水銀滓の中で検出した―としている。つまりは、水俣病の〝真犯人〟を見つけたということであった。

2月16日に開かれた熊本大学医学部研究班の報告会での報告を伝える記事だ。入鹿山教授らは有機水銀の発生源を追究していたが、それまでのやり方では試料を準備する段階で不手際があることに気付き、以前チッソ水俣工場から入手していた未処理の水銀滓の分析を始めたのだった。

入鹿山教授の研究と水俣湾の貝から抽出された物質の構造式が若干異なる点は今後の課題とされたが、研究班の世良完介班長は「もはや水俣病の直接的原因が工場の排液にあることは疑う余地のないことである。全責任は会社にある」と語っている。この記事の特徴は、当時の熊本地方検察庁検事正のコメントが付けられていることだ。検事正は語っている。「これまでは医学的なはっきりした原因がわからず、われわれが手を出そうにも、手のつけようがなかったが、もし医学的研究の結論がでたのであれば、結果次第では大いに関心をもたねばならない問題だろう」

しかし、捜査当局は動かなかった。国会でも取り上げられ、厚生省は「新しい意見が伝えられているので、十分に地元の事情を調べて必要な措置をとるよう検討する」という答弁をしたが、具体的な措置はまったくとらなかった。1959年、有機水銀説が出た時、池田勇人通産相は、チッソから有機水銀が流出していると結論するのは早計と発言してチッソを擁護したが、原因究明の決定打が出た後、結局は政治も行政も司法も動かなかった。そしてこの間にも汚染は確実に広がっていた。

胎児性の確認

胎児性水俣病の確認もあった。

もともと、水俣病患者の多発地区で、脳性まひに似た症状の子どもの多さは話題になっており、研究班の中でも報告されていた。しかし一般の脳性まひと明確に異なるところがないことや、胎盤は胎児を守るために毒物を通さないとされていたことなどから、結論が持ち越されていた。

1961（昭和36）年、2歳6カ月の女児が死亡、武内教授は病理解剖で「胎内で起こった水俣病」と結論、水俣病と認定された。翌1962年には、別の女児が病理所見で水俣病と診断され、さらにこの時までに診断保留となっていた16人がまとまって胎児性水俣病と認定される。

胎盤を通じて起きた中毒の発見は水俣病が世界で初めてとされる。その実数は不明だが、70人前後とも言われる。不知火海沿岸では流産や死産など異常妊娠の確率が非常に高いことや、出生児の男女の比率が変化したことが報告されている。有機水銀は幼い命を直撃したのである。

胎児性水俣病を研究の出発点としたのが、医師の原田正純氏である。原田氏にとって忘れられない出来事がある。水俣のある患者の家で、2人の子どもが遊んでいた。2人の兄弟の症状は全く同じだった。母親に「水俣病か」と聞くと、母親は答えた。「上の子は水俣病だけど、下の子は違うと言われている。上の子は魚を食べて病気になったけど、下の子は魚を食っていないから。しかし、下の子が生まれた年には同じような子が何人も生まれており、私は水俣病と思う」。原田氏と胎児性水俣病との出合いだったが、以後、原田氏の研究は母親の直感をなぞっていくことになる。原田氏がまとめた胎児性をめぐる論文は臨床面からのまとまった論文としては嚆矢となった。

安賃闘争

水俣市民が時として水俣病より強い印象で語るのが安賃闘争である。

1962年の春闘で、チッソは新日本窒素労働組合に対して、同業6社の平均妥結額をもとに3年後までの賃上げ額を決める「安定賃金」を提案してきた。チッソは、水俣病の原因となった水俣工場のアセトアルデヒド生産がピークを過ぎ、石油化学工業への移行で遅れをとっていたことから、大幅な合理化による再編成を目指していた。この「安定賃金」の提案をスト権の否定ととらえた組合が拒否。これに対し、会社はロックアウトで対抗、争議開始時に約3,000人を数えた組合は激しい切り崩しの末、新労（第二組合）結成で分裂。1963年、県地労委のあっせんを受け入れ、ストライキ日数224日に及んだ争議は収束した。

後に新日窒労組（旧労）の委員長になる岡本達明氏はこんなエピソードを書いている。「1946年12月から1年間組合長を務めた下飯坂正蔵（東大出社員）に聞くと、『我は5千人の従業員を代表する組合長なるぞ。団交は水俣で開け』と社長に電報を打ったところ、「我はウン十万人の株主を代表する社長なるぞ。団交は東京で開く」と返電が来たという」。岡本氏自身も「どこか牧歌風の出だしでもあった」と書くように、発足間際にはこんなふうだった労働組合と会社との関係もその後、大きく変化。石油化学への進出が遅れていたチッソは駆け足での転換を目指したのである。安定賃金闘争は、三池闘争の後の「総労働対総資本」の闘争と位置付けられ、全国から組合支援に約1万5,000人が駆け付けた。水俣市内でも親兄弟、隣同士が旧労、新労で激しく対立、商店街、青年団、婦人会、葬儀屋まで真っ二つに割れた、という。

第一組合である旧労に残った人たちに対して、会社側からは雑役部署への配置転換などが行われた。このことが旧労側に自省する目を組織として持たせるようになっていく。それはやがて1968年8月の「恥宣言」の決議となる。宣言は言う。「安賃闘争から今日まで六年有余、私たちは労働者に対する会社の攻撃に不屈の斗いをくんできた。その経験は、斗いとは企業内だけでは成立しないこと、全国の労働者と共にあり、市民と共にあること、同時に斗いとは自らの肩で支えるものであることを教えた。その私たちがなぜ水俣病と斗いえなかったのか？斗いとは何かを身体で知った私たちが、今まで水俣病と斗い得なかったことは、正に人間として、労働者として恥かしいことであり、心から反省しなければならない。会社の労働者に対する仕うちは、水俣病に対する仕うちそのものであり、水俣病に対する斗いは同時に私たちの斗いなのである」。長い引用となったが、ここには当時の旧労組合員の意識が端的に表れている。旧労はわが国で初めての公害反対ストを実施、水俣病一次訴訟では組合員が会社を告発する証言者となった。ピーク時の1951年に4,400人を数えた組合員は安賃闘争後の分裂の後、減少の一途をたどり、2004年に解散大会を開いた。

第二の水俣病

水面下に深く沈んでいた熊本の水俣病に再び光を当てることになったのは、不幸なことに新潟水俣病が確認されたためだ。熊本の水俣病で、徹底した原因究明やチッソと同種工場である昭和電工などの工場に対して効果的な調査や対策をとらなかった対応のまずさが、第二の水俣病を生んだとも言える。

新潟県は1965年6月12日、阿賀野川流域で有機水銀中毒患者が7人発生し、うち2人が死亡したと発表した。汚染源としては、阿賀野川の上流域にあった昭和電工鹿瀬工場が疑われたが、昭和電工は一貫して農薬説を主張。チッソと同様の行動をとった。

水俣の経験に基づき、新潟県は胎児性水俣病の防止策として毛髪水銀濃度が50ppm以上の婦人に受胎調節を指導、この結果、新潟での胎児性水俣病患者の発生は1人にとどまったとされている。新潟水俣病一次訴訟では、受胎調節等の指導を受けた者のうち、不妊手術1人、中絶2人を含む6人が損害賠償を請求、不妊手術には50万円、その他については30万円の賠償を認める判決が出されている。

熊本水俣病の発生当時と比べると、初期の調査・対応は改善されたと言われたが、しかし例えば、疫学調査の対象が阿賀野川の河口から工場が立地する60kmまでの区間にとどまり、工場の上流域には目が向けられなかった。工場の上流で汚染の広がりが指摘されるのはその後だ。

新潟では1967年に裁判が起こされ、わが国の公害裁判の先駆けともなったが、新潟水俣病は熊本水俣病の病像の見直し、補償の在り方など、広範囲に渡って影響をもたらした。

課題に向き合う

水俣病問題への社会的関心が低くなっていた1960年以降、4人の若者がそれぞれに水俣病を自分のテーマにして向き合い、その核心に迫ろうと水俣を歩いていた。

医師の原田正純氏、科学者の宇井純氏、写真家の桑原史成氏、作家で主婦、後に「苦海浄土」を書く石牟礼道子さん。

原田氏は、現地に足を運んで生活の中で診察を続けた。1961年8月、患者多発地区の水俣市湯堂を訪れた原田氏はこう書いている。

「湯堂では公民館に患者が集められていた。私は、この時の自然の美しさと病気の悲惨さのコントラストの強い印象が忘れられない」

後に東京大学の助手として公開自主講座「公害原論」を手掛けることになる宇井氏が水俣を初めて訪れたのは1960年5月、東大の大学院生だった。水俣に足を向けさせたのは大学院に戻る前に勤めていた化学工場で夜中にこっそり水銀を流した個人的な体験だ。宇井氏の出身は東大工学部応用化学。宇井氏は言った。「うちの就職先の一番がチッソ、二番が昭和電工というくらい両社は名門だった。そうしたエリートたちが水俣病を起こしてしまった」

宇井氏はチッソ付属病院長の細川一氏を知り、「富田八郎」のペンネームで水俣病の緊急レポートを合化労連の機関紙に書き始める。「とんだやろう」と読めるペンネームだった。

若きカメラマンとして売り出すテーマを探していた桑原氏が水俣入りするのは1960年7月。水俣の風景は、ヒ素に苦しんだ古里の島根県津和野の鉱山風景と重なった。以後、桑原氏は毎年のように水俣に足を運ぶ。

水俣在住の石牟礼道子さん。病気療養のため故郷の水俣に帰ってきた詩人で「サークル村」を提唱した谷川雁氏との交流が始まる。やがて長男が初期の結核で入院した水俣市立病院で「奇病病棟」を知る。以後、患者多発地区に足を運び、ひたすら患者たちの声を聞いた。本人の言葉によれば、ノートも持たず、「何か重大なことが起こっているのを感じとって、気にかかってならず、それを見届けたかった」ためだ。若手の医師だった原田氏は、検診会場でよく見かける石牟礼さんを保健婦とばかり思い込んでいたという。

宇井氏が2006（平成18）年に74歳で、原田氏が2012（平成24）年に77歳で亡くなったが、水俣病が今もさまざまな領域で表現される理由の一つは、4人が取り組んだ仕事の豊かさに拠っている。

4.声を上げる被害者たち

公害認定

熊本の水俣病、新潟の水俣病、三重県の四日市ぜんそく、富山のイタイイタイ病という四大公害の先陣を切って新潟水俣病一次訴訟が提起された。1967年のことだ。昭和電工を相手にした提訴で、同年に四日市公害訴訟、翌1968年に富山のイタイイタイ病訴訟と続いた。

高度成長の陰に公害があった、という指摘がなされるが、実態は公害があったから高度成長が実現できたと表現すべきことだろう。四大公害訴訟が象徴していたのは、公害列島とでも呼ぶしかないようなこの国の実態だった。

新潟水俣病訴訟の原告・弁護団を迎えた1968年1月21日、国鉄水俣駅に「新潟水俣手をつなごう」という横断幕が揺れた。出迎えたのはその9日前に発足したばかりの水俣病対策市民会議（後に水俣病市民会議）のメンバー。市職員の松本勉氏や水俣市議の日吉フミコさんらを中心に、①政府に水俣病の原因を確認させる ②被害者を物心両面から支援する—を目的につくられた。チッソが圧倒的な影響力を持つ水俣で、患者支援の小さな組織だった。

政府が水俣病を公害と認定したのは1968年9月26日のことだ。

同年5月、水俣病が公害対策基本法の公害に係る疾患であるか否かの国会における質問に答えるため、公害病に関する原因と発生源の確定が政府によって行われたことが背景にある。

まず、イタイイタイ病について厚生省見解が出され、次いで熊本、新潟の水俣病についての見解となった。

熊本水俣病は、チッソ水俣工場のアセトアルデヒド・酢酸製造工程中で副生されたメチル水銀化合物が原因と断定、新潟水俣病については、昭和電工鹿瀬工場のアセトアルデヒド製造工程中で副生されたメチル水銀化合物を含む排水が大きく関与して中毒発生の基盤になっているとした。

この時、熊本水俣病の確認から実に12年も経過しており、同年5月には、チッソと電気化学工業青梅工場のアセトアルデヒド製造工程は稼働を停止しており、いわば「事後の対策」となった。また見解は、水俣病患者の発生が1960年を最後に終息していることを挙げ、その理由として魚介類の漁獲禁止や工場の廃水処理設備が整備されたことを挙げている。しかし、これは明らかな誤りである。それまで水俣湾の漁獲が法的に禁止された事実はなく、旧水質保全法と旧工場排水規制法に基づく規制が開始されたのは1969年のことであった。公害認定の底に流れているのは、「終わった病気」としての水俣病の処理だったことが透けて見える。しかし、現実はそうはならなかった。

公害認定時の患者は111人、うち42人が死亡していた。

ここで、「水俣病」という病名について考えたい。当初は原因が分からなかったこともあって、「奇病」と呼ばれたが、学術誌で初めて「水俣病」という用語を使ったのは武内教授の「水俣病(水俣地方に発生した原因不明の中枢神経性疾患)の病理学的研究(第二報)」(1957年)だった。ここでは「中毒性因子が確認されるまでは本症を水俣病と仮称することにしたい」と断っている。新聞紙上では1958年8月に、約1年半ぶりに患者発生が報道された時に、「水俣病」という表現が使われている。

「公害に係る健康被害の救済に関する特別措置法」(救済法)の施行のために実施された1970年3月の厚生省公害調査等委託研究「公害の影響による疾病の範囲等に関する研究」においては、既に国際的に定着しているという理由で「政令におり込む病名として水俣病を採用するのが適当」とされた。ここでは水俣病の定義として、「魚介類に蓄積された有機水銀を経口摂取することにより起こる神経系疾患」とし、単に有機水銀を経気、経口、経皮的に摂取することにより起こる疾患ではなく、「魚介類への蓄積、その摂取という過程において公害的要素を含んでいる」ものであるとしている。確かに「魚介類への蓄積、その摂取という過程」ということが、それ以前のメチル水銀中毒と水俣病が異なっている点であり、水俣病特有の事情だった。

しかし、地名がそのまま病名となったことで、水俣地方への差別意識をもたらした点は否めず、「水俣病がうつる」などといった偏見ももたらした。一方で、水俣病の病名変更の動きは事件史の中では時として水俣病被害を矮小化、もしくは被害者の声や動きを押さえ込もうとするする動きと表裏一体の側面も持っていた。つまり、チッソ擁護の立場が病名変更を後押ししたのである。

地名が病名になったことで、第二の水俣病を新潟水俣病と呼ばれ、病気に二つの地名がつくという事態も惹起した。

「国家」との闘い

公害認定によって水俣病患者家庭互助会の補償要求が再燃するが、ここで厚生省に一任しようという一任派とあくまで独自に要求しようという訴訟派に分裂。1969（昭和44）年6月、水俣病患者家族28世帯、112人がチッソを相手に損害賠償請求訴訟を起こした。水俣病一次訴訟である。

「今日ただいまから、私たちは国家権力に対して立ち向かうことになったのでございます」。原告団長の渡辺栄蔵氏のあいさつは、同訴訟の本質と水俣病問題の核心を鋭く突いていた。

裁判を理論面から支援しようという目的で研究者や市民からなる水俣病研究会が熊本でつくられ、新たな法理論が検討された。水俣病の発生は知らなかった、予想外のことで過失はない、と主張するはずのチッソの責任をどう立証するか。

通常、過失があるかどうかは予見可能性の有無によって決まる。「水俣病の前に水俣病はない」という点を強調すればするほど、予見可能性はないことになってしまう。

水俣病研究会には熊本大学法学部の富樫貞夫氏のほか、医師やジャーナリスト、チッソの労働者などさまざまなメンバーがいた。激しい議論の果てに富樫氏らが参考にしたのは武谷三男氏らの「安全性の考え方」であった。有機合成化学工場であるチッソ水俣工場の排水は極めて危険なものであることは化学の常識で、工場廃水の排出が許されるのは、それが無害という証明がある場合に限られ、その証明を行うのは工場の責任である、とする新しい考え方であった。

審理が進むなかで、存在感を持ったのはやはり患者家族だった。胎児性水俣病の上村智子さんも母親に抱かれて法廷に入ったが、時折、もの言わぬ智子さんが声を上げた。法廷内の誰もが、智子さんが何かを言いたいのだろう、じっと耳を傾けた。

熊本地裁判決は1973（昭和48）年3月20日。石牟礼道子さんが考案した「怨」という真っ黒な吹き流しが熊本地裁前で春風に揺れ、支援の若者は「死民」というゼッケンを付けた。

判決は患者側勝訴。「工場が事前に排水について十分な調査をするとともに、海の汚染や異常に適切な判断をしておればこれほど多くの被害者を出さずに済んだ」と指摘、賠償額は1,600万円、1,700万円、1,800万円の3ランクとした。死者1人30万円、原因がチッソと分かっても新たな補償要求はしないなどと書き込まれた見舞金契約は公序良俗違反で無効、とされた。

水俣病一次訴訟判決時の熊本地裁前(1973年3月20日)

斎藤次郎裁判長が文書で出したコメントがある。「水俣病による被害はあまりに深刻で悲惨だ。原告らは本当にお気の毒と思う。いくらかでも幸せがもたらされることを祈る。裁判は当該紛争の解決だけを目的とするもので、そこには自ら限界があるから、裁判に多くを期待するのは誤りである。企業側とこれを指導監督すべき立場の政治、行政の担当者による誠意ある努力なしに根本的な公害問題の解決はありえない」

実に示唆的なコメントである。判決以降、公害に限らず、企業側、政治、行政がどれほど「誠意ある努力」を重ねただろうか。その疑問に対する答えは、例えばその後の薬害事件一つをとってみれば分かる。

原告団はこの後、上京。東京・丸の内のチッソ本社で座り込んでいた川本輝夫氏らの自主交渉派と合流し、東京交渉団(田上義春団長)を結成、

チッソと交渉する。

一方、公害問題は日本だけでなく、世界の工業先進国にも共通する課題となっていた。1972年、スウェーデンのストックホルムで114カ国が集まる「国連人間環境会議」が始まる。日本は前年に発足した環境庁の大石武一長官をはじめ45人の代表団を派遣。一方、非政府組織（NGO）の集会には、胎児性患者の坂本しのぶさんや母親のフジエさん、浜元二徳氏らが参加、同行した原田氏は「わが身をさらして、水俣病を世界に発信した功績は大きい」と語った。

相対（あいたい）の交渉

見舞金契約のところで見たように、水俣病の認定は本人の申請で始まり、検診結果を医師で構成する認定審査会が判断し、知事が処分する。つまり被害者自ら手を挙げ名乗らねば全てが始まらない。このため、患者が出ると魚が売れなくなって困るからと、申請しないように漁協から圧力がかかったこともあった。また差別を恐れ、例えば子どもの結婚のために申請をためらうようなことも起きた。申請にはそれほど決意を必要とすることだった。川本輝夫氏らが挑んだ自主交渉はこうした水俣病の壁を突き破ろうとするものであった。

川本氏の認定申請は1968年だ。翌69年に棄却されたため再申請。70年に再棄却されたため、当時の厚生省に行政不服審査請求を行った。この過程で川本氏らが入手した審査会の会議録には「審査会判定は公害補償と関連があるので、その点も考慮して慎重を要する」などとあった。医学という名を掲げながら実際は補償を限りなく意識していたことを審査会自らが認めていたのである。実際、「〝いちろく〟を意識しないと言えばうそになります」と心情を吐露する認定審査会の委員がいた。「いちろく」とは認定されるとチッソから支給される補償金の1,600万円のことである。

水俣病の認定患者は1960年度末で85人。以後、胎児性水俣病の確認などはあったものの、10年後もそれほど増えておらず、1971年度末で181人だ。川本氏が認定制度に挑んだのはまさしくこうした時期であった。

1970（昭和45）年11月。大阪万博が開かれたこの年、同じ大阪でチッソの株主総会が開かれた。「一株運動」で乗り込んだ患者・家族、支援者ら。議事そのものはわずか数分で終了したが、続く説明会で、患者たちは壇上に押し寄せ、江頭豊社長を取り囲んだ。患者の浜元フミヨさんが両手に持った両親の位牌を突きつけ、迫った。「両親ですぞ、両親。私の心が分かるか。どげん苦労したち思うか…」。株主総会は患者たちの思いの丈の一端を晴らす場となった。

株主総会で両親の位牌をチッソの江頭豊社長（右側）に突きつける浜元フミヨさん（手前）と弟の二徳さん（中央）（1970年11月大阪）

1971年7月1日、わが国の環境行政を一元的に担う環境庁が発足する。日本列島で公害問題が多発しており、多くの国民の期待を背負ってのスタートだった。

71年8月7日、厚生省から引き継いだ川本氏らの行政不服審査で、環境庁は認定申請を棄却した熊本、鹿児島両県知事の処分を破棄、差し戻す裁決を行った。と同時に、水俣病認定に当たっての基本的な考え方を示す事務次官通知を出す。通知には「有機水銀の影響が否定できない場合」「主要症状のいずれかがある場合」も水俣病の認定に含む、とあった。後に昭和の年号から「46年次官通知」と呼ばれることになるこの通知は大きなインパクトを与え、被害者の前に立ちふさがっていた認定審査会という巨大

な壁が一気に取り除かれたような期待も持たせた。

しかし自らの存在を否定されたと受け止めた認定審査会の委員が辞任を申し出たため、熊本県の沢田一精知事らが慰留。委員らは結局、残留となった。その結果、裁決と次官通知の精神の徹底は不十分なものとなる。

加えて、次官通知をめぐっては、医師でもあった環境庁の大石武一長官が診断の際に、風邪の疑いとカルテに書き込むことなどを踏まえ「水俣病の可能性が50%～70%あるという医学用語」として「疑わしきは認定」と説明、報道側も「疑わしきは被告人の利益に」という刑事裁判の原則を踏まえた趣旨のもとに同じように表現したが、このことが逆に「疑わしいものまで認定するのか」という誤解を生んだ、という指摘もその後出されるようになった。

水俣病と認定された川本氏らは補償を求めて1971年10月、チッソと交渉を始めた。チッソはそれまでの認定患者と区別するために、川本氏らを「新認定」とも呼んだ。つまりそれ以前の「旧認定」の患者とは違う、というニュアンスを込めたのだった。

水俣現地での交渉が進展せず、川本氏らは暮れの12月6日に上京、東京・丸の内のチッソ本社に乗り込んだ。それから川本氏が水俣に帰ったのは実に2年近くたってからのことになる。自主交渉は、文字通り自ら行う交渉。相手は加害者チッソである。自主交渉がインパクトを持ったのは、加害者と相対で向き合うというその直接性の激しさと、「被害者一律3,000万円」という要求の額に込められた思いの強さにあった。

チッソは第三者機関のあっせんを求める。それに対して川本らは、加害者との「相対（あいたい）」での交渉を求め続ける。「被害者が加害者に相対で物を言い、相対の立場で決着をつけるための座り込みであり、自主交渉要求だ。命の尊さや大切さを、多数決みたいな形で値踏みされてたまるか」。川本氏や自主交渉をリードした佐藤武春氏らの思いだった。

しかし、提訴もそうだったが、自主交渉は水俣市民の中に激しい化学反応を引き起こす。「チッソを守れ」の住民大会が企画され、「市民有志」を名乗るビラが新聞に折り込まれた。「水俣に会社（チッソ）があるから、人口わずか三万足らずの水俣に特急が止まる」、「弱った魚を食べたから奇病になった」、「川本なんか去年まで、医師会運動会ではいつも一等だったのに…」。ビラにはこんな言葉が並んだ。水俣のもう一つの現実でもあった。

補償協定

訴訟派と自主交渉派が合流した東京交渉団。圧巻だったのはやはり、患者たちの存在と言葉だった。「金はいらん、体を返せ、親を返せ、子どもの命を返せ」。勝ち取ったばかりの補償金をテーブルに積んで突っ返し、チッソに迫った。

三木武夫環境庁長官、馬場昇衆院議員、沢田一精熊本県知事、日吉フミコ水俣病市民会議会長の４人の立ち会いの下、補償協定書が結ばれる。1973年７月９日。補償額は判決と同様の金額、加えて年金や医療費などの患者たちの要望が強かった恒久対策がついた。この時締結された補償協定書は、その後、認定を受けた患者が希望すればこの協定書の通りの補償を受けられることになった。年金には物価スライド条項も付いた。

協定書の前文にはこうある。

「見舞金契約の締結等により水俣病が終わったとされてからは、チッソ株式会社は水俣市とその周辺はもとより、不知火海全域に患者がいることを認識せず、患者の発見のための努力を怠り、現在に至るも水俣病の被害の深さ、広さは究めつくされていないという事態をもたらした。チッソ株式会社は、これら潜在患者に対する責任を痛感し、これら患者の発見に努め、患者の救済に全力をあげることを約束する」

しかし、「責任を痛感した」はずのチッソは、結局潜在患者発見に向けて動かなかった。チッソに向けられた社会の目は厳しく、加えて交渉の激しさもあり、チッソ内部には「あの状況では、あれ（協定）を認めるしかなかった」という声がある。しかし公の約束ともなったこの言葉が守られなかった結果が、水俣病問題が今なお未解決である理由の一つだ。

ここで川本輝夫氏について触れたい。

水俣市に生まれたが、父・嘉藤太氏は対岸の天草・牛深から水俣に移住した人である。水俣村に誘致されたチッソに職を求めてのことだった。水俣には天草から移り住んだ人が少なくない。石牟礼道子さんも天草・河浦町で生まれ、水俣で育った。

職業を転々とした後、精神科病院の看護人見習いとして働いたことが川本氏の大きな転機となった。ここで父親の狂騒状態での死と直面、水俣病の「認定」という問題にぶつかる。「俺が鬼か…。親父は…69で死んだぞ…。精神病院の…、畳もなか部屋で…、牢屋のごたる檻の中で…誰にも看取られず…一人で死んだぞ…。痩せ細った親父の身体を抱いて俺は、情けなくて…一人泣いたぞ…。ひと匙なりと米の粥ば、口に入れてやろうごたった…。その米を買う銭もなかった…。わかるかな…社長…。」東京・丸の内のチッソ本社で始まり、チッソから締め出された後は、丸の内の本社ビル前の路上にテントを張って続けた自主交渉。上記の言葉は、体調不良を理由に交渉の席から外れようとするチッソ社長の島田賢一氏に向け、川本氏が発した言葉だ。

水俣高校中退の学歴だったが、六法全書を読み込み、不知火海沿岸を回り、患者発掘を続けた。「素人」が川本氏の強みだった。水俣病の原因にも疑問を持っていた。原因は有機水銀とされたが、それまではマンガン、セレン、タリウムも疑われてきた。「複合汚染ではないか」というのが川本氏の疑問だった。

東京・丸の内のチッソ本社での抗議行動の際、チッソ社員に傷害を負わせたとして1972年に起訴された川本氏。一審の

自主交渉のためのチッソ本社前の座り込みテント
（1972年、東京・丸の内）

東京地裁は1975年、罰金5万円、執行猶予1年という判決を出した。罰金に執行猶予を付けるという結論からは、裁判官たちがすんなり有罪には至らなかったことが推認されるが、1977年6月の東京高裁判決は「百尺竿頭一歩を進めて」(判決文から)、「本件公訴を棄却する」との判決を言い渡す。公益の代表としての検察が独占する公訴権を裁判所が真っ向から否定したのである。

「熊本県警察本部も熊本地方検察庁検察官もその気がありさえすれば(略)各種の取締法令を発動することによって、加害者を処罰するとともに被害の拡大を防止することができたであろうと考えられるのに、何らそのような措置に出た事績がみられないのは、まことに残念であり、行政、検察の怠慢として非難されてもやむを得ないし、この意味において国、県は水俣病に対して一半の責任があるといっても過言ではない。(略)時機を失した検察権の発動が惜しまれるのである。これにひきかえ、排出の中止を求めて抗議行動に立ち上がった漁民達に対する刑事訴追と処罰が迅速、慘烈であったことは先に指摘したとおりである」

「本件は訴追を猶予することによって社会的に弊害の認むべきものがなく、むしろ訴追することによって国家が加害会社に加担するという誤りをおかすものでその弊害が大きいと考えられ、訴追裁量の濫用に当たる事案であると結論する」

水俣病事件の核心に触れた判決は、川本氏の行動が生んだ判決とも言える。判決は1980年、最高裁で「判断の部分は失当」とされながらも、結論の「公訴棄却」は維持された。第一小法廷5人のうち、2人が反対するという僅差の決定で、最高裁もまた揺れたことが伺われる。

1999(平成11)年、川本氏は67歳で死去、肝臓がんだった。妻のミヤ子さんと長男愛一郎氏は市立水俣病資料館の「語り部」である。

天皇と水俣ということについても触れておきたい。

昭和天皇は戦前と戦後の2回、チッソ水俣工場を訪問している。戦前には宮崎の延岡工場(現在の旭化成)も訪問した。チッソの百年史「風雪の百年」が「天皇が同一会社の工場を2度3度訪問するのはめずらしいという

べきだろう」と胸を張るのも無理からぬことだ。

1931年（昭和6）の訪問時、天皇はチッソ創業者の野口遵から説明を受けた。

「昭和天皇実録」にはこうある。

「窒素工場に進まれ液体空気の実験を御覧になり、続いて電解工場・アンモニア工場・硫酸アンモニア工場・同倉庫を巡覧され、また液体アンモニア充填室に陳列された各製品を御覧になる」

そして、敗戦後の1949（昭和24）年、昭和天皇は再びチッソ水俣工場を訪問する。「昭和天皇実録」から引く。

「酢酸人絹を製造するミナリーズ工場・酢酸ビニール工場等をご巡覧、諸所に堵列の行員に激励のお言葉を賜う」

戦前は新興財閥としてアジアに展開、戦後は食糧増産のために肥料、そして化学製品の生産に集中したチッソ。「風雪の百年」によると、戦後の訪問の時には「日本再建、生産増強のためしっかりお願いしますよ」と社員たちを激励されたという。チッソは戦前も戦後も国家と深く結び付いている。

天皇家と水俣病との関係ではこんなこともあった。現皇太子のお妃選びの時のこと。候補の母方の祖父がチッソ社長を務めた江頭豊氏だった。1970年11月、大阪であったチッソの株主総会に水俣病患者らが一株株主として乗り込んだ時、江頭氏は巡礼姿の患者たちのふり絞るような訴えを一身に受けた。皇太子の結婚に際して、当時の宮内庁の関係者が福島譲二・熊本県知事に意見を求めた。福島知事は、江頭氏は日本興業銀行出身でチッソ生え抜きではなく、水俣病の発生そのものに直接関係していない、などと答えたとされる。

第三水俣病

3月の1次訴訟判決、7月の補償協定書締結と1973年は水俣病問題のターニングポイントになった年で、第三水俣病事件もあった。

第三水俣病とは、熊本県の水俣病、新潟県の新潟水俣病に次ぐ3番目の水俣病という意味だ。発端は熊本大学医学部の「10年後の水俣病研究班」（班長・武内忠男教授=病理学）が、1973年5月22日、熊本県に提出した研究報告書の中の班長総括で、天草郡有明町に水俣病と同様の症状を持つ患者がおり、「この有明地区の患者を有機水銀中毒症とみうるとすれば、過去の発症と見るとしても、これは第二の新潟水俣病に次いで、第三の水俣病ということになり、その意義は重大であるので、今後この問題は解決されねばならない」と書いたことに始まる。

反響は大きかった。何といっても汚染源の問題があった。有明町は水俣市が面した不知火海とは海域が異なる有明海に面していることから、チッソではない別の工場が疑われた。そして、水銀を使用する工場は全国に展開していた。当然のこととして全国で水銀パニックが起きた。

熊本大学医学部の九つの講座が参加する「10年後の水俣病研究班」の発足は1971年6月。原因究明に当たった昭和30年代の研究班に続くという意味で、研究班を二次研究班と呼んだが、「10年後の」という名前に研究班の意気込みが表れている。

研究班のスタートには当時の社会状況が複雑に関係している。

医学、社会的には新潟水俣病の研究成果による熊本水俣病像の見直し機運があり、さらには熊本の認定制度を批判する川本氏らの患者発掘や行政不服審査請求の運動があり、水俣病に関心を寄せ続けていた米国の国立公衆衛生研究所（NIH）疫学部長、レオナルド・T・カーランド博士が強く求めていた定期的なフォローの必要性などもあり、これらが全体として研究班発足を後押しした。新たに熊本県知事となった沢田一精氏も調査に積極的だった。

研究班が調査の対象に選んだのは、有機水銀の濃厚汚染地区としての水俣市湯堂、出月、月浦、次いで水俣の対岸である離島の天草・御所浦、そしてこれらの対照地区として、「汚染を受けていないと考えられていた」天草郡有明町の三地区であった。

調査はどんなふうに進んだか。診察に当たった立津政順教授（神経精神科）はその意気込みをこう述べている。

「われわれが大学病院に引っ込んでいて限られた患者だけをみていてはどんな病気だって全体像を見失う。（中略）実態をはっきりつかみ、その上で対策を立てるべきだ。この動きを防ぎ止めようとするのは大海の水を止めようとするのと同じで、出来るものではない」（『熊本日日新聞』1976年9月13日付朝刊）。

報告書には、各教室の研究成果が掲載されたが、班長総括が示唆した「第三水俣病」という言葉の影響は大きかった。

福岡・大牟田、山口・徳山など全国各地で水俣病を疑われる患者の指摘が相次ぐ。大牟田も徳山も全国有数の化学工場が並んでいた。徳山には、水銀を使用する苛性ソーダの工場群があった。苛性ソーダは石鹸や染料、パルプ工業、石油精製など工業用に広く使用され、水銀が触媒として使用されていた。

昭和30年代前後のチッソ水俣工場が生産するアセトアルデヒドが日本の化学工業界にとって重要だったように、昭和40年代、苛性ソーダは同様に国内で大きな位置を占めていた。

有明町の汚染源として熊本県宇土市にある日本合成化学工業熊本工場に疑いの目が向けられる。チッソ同様、水銀を使用するアセトアルデヒド製造工程を持っていたからだ。第三水俣病の指摘の前後にも、工場の従業員が無機水銀中毒の労災認定を受けていたという事実があり、さらには、武内班長自身が宇土半島で水俣病が疑われる２例の剖検例をもっていたことがあった。

熊本大学研究班の第三水俣病の指摘に対し、三木武夫環境庁長官は素早い反応をみせた。

環境庁など４省庁の調査団が直ちに熊本へ派遣され、調査を始めた。そしてまとまった報告書は６項目にわたる疑問点を挙げた。①環境汚染の調査が十分になされていない ②汚染源がはっきりしない ③患者の毛髪水銀等の水銀量が調べられていない-等々。患者の毛髪水銀値は、過去の汚染であることを考えれば必須のものではなかったものの、報告書が挙げた疑問点は、当の研究班自体がその後取り組むべき課題としていたものであった。

1973年7月21日、第三水俣病問題への対応を話し合う環境庁の水銀汚染調査検討委員会（委員長=重松逸造国立公衆衛生院疫学部長）が発足する。委員会は、環境汚染の問題を話し合う環境調査分科会（分科会長=上田喜一東京歯科大教授）と、健康調査分科会（分科会長=椿忠雄新潟大教授）からなり、第三水俣病の疑いが指摘された患者の問題は健康調査分科会で論議されることになった。

指摘から2カ月が過ぎ、二次研究班と立場を異にする医学者の間では、研究班の手法を問題視する声が広がり始めていた。分科会を舞台に研究班の指摘を否定する中心になったのは、皮肉なことに研究班のおひざ元の熊本大学医学部第一内科だった。

第一内科の徳臣教授は、問題となっている有明町の患者の診察を自民党の県会議員を介して依頼される。

武内班長が後に「水俣病におけるガリレオ裁判」と題して寄せた健康調査分科会のやりとりを紹介する文章がある。

第3回目の会合となった8月17日。5時間にわたる議論となったが、ここでは徳臣教授と立津教授が、患者を撮影した8ミリフィルムを見ながら「患者ではない」「いや患者だ」とやりあう場面がある。主な対立は、水俣病の主要症状の一つである運動失調をどうとるか、であった。徳臣教授は「ない」とし、立津教授は注意深くみれば「ある」とした。「患者個人だけを診ても診断はできない。映画ではわからぬが、診察して何回もみると（症状が）ある」という立津教授が繰り返しているのが印象的である。

武内教授の原稿のタイトル「ガリレオ裁判」の意味するところは、検討会の前に「結論は（否定で）既にきまっていた」ということだ。

第三水俣病事件は水俣病問題の分水嶺ともなった。時代は、オイルショックを受けて一時マイナス成長になる混乱をみせるなど、経済状況は暗転していく。

一方、水俣病ではこれ以降、「否定できない場合は認定」とした1971年の事務次官通知を事実上変更し、症状の組み合わせを求める1977年の

判断条件へと続く動きがつくられていった。

最終的に第三水俣病は「シロ判定」となったが、実は残された課題の方が大きかった。医学的にはこの時に終始したのが、「私がみれば…」という議論だが、疫学をはじめとしてもっと深堀りした論議が必要だったのではないか。現在では、当時のデータを再解析し、有明町の人たちには水俣病特有の感覚障害が多いという環境疫学からの指摘もある。

第三水俣病の指摘だけがクローズアップされた二次研究班だが、成果も挙げている。御所浦島や不知火海沿岸から県外へ移住した患者の存在、さらには長期汚染の深刻さなどを浮き彫りにしたことだ。

この事件を契機に設けられたのが、魚介類の水銀のメチル水銀を総水銀の4分の3とした暫定規制値（総水銀0.4ppm、メチル水銀0.3ppm）である。しかし暫定とされているが、その後も改定にはなっていない。さらにこの時、マグロ類の水銀値については「摂取の態様からみて」規制値の適用外とされた。寿司文化という現実と、大型魚が多く持つセレンの中和作用を指摘する声が背景にあった、とされる。

その後の分析手法の進展で、魚介類中の水銀はほぼ100%メチル水銀とされていることからすれば、メチル水銀を総水銀量の4分の3とした暫定規制値の前提は崩れているのだが、10倍の安全率をとったことなどを理由に、40年以上たった今も「暫定」のまま維持されている。

しかし、長期微量汚染による健康への影響という指摘もあり、厚生労働省は2005（平成17）年、妊婦を対象に魚介類の食べ方に関する注意事項を発表した。示した目安は水銀濃度が高い傾向にあるキンメダイやクロマグロなどは週80gまで、ミナミマグロやマカジキは週160gまでなどとなっている。

なぜ、今も暫定基準のままなのか。

厚生労働省医薬食品局基準審査課は「当時の魚の摂取量を踏まえて基準値を決めた。現在、その規制値を超える魚介類はおらず、また暫定規制値が明らかにおかしいということもない。魚は栄養価も高いので、バランスを持った摂取が大事だ。省として国際的な動向を含めて知見を収拾しているが、現在、変更が必要なことではないと認識している。妊婦などハイリスク集団に注意喚起することで十分と考える」という立場だ。

これに関連して、第三水俣病が指摘された当時に環境庁でこの問題に関係した人は、「第三水俣病は役所としては危機対応だった。パニックを押さえるというのが第一だった。あの時は、環境庁長官が副総理の三木武夫氏だったから、ああいう対応ができた面がある」と振り返る。さらに暫定規制値のままであることについては、「(役所は) 大きな声が出てこないとこうした基準は変えないものだ。一度決めたら動かさない。動かせば、業界団体がいろいろ動くからだ。要は、基準の変更を誰が言っているのか、という問題でもある」と語り、自ら関係した化学物質の基準変更の経験に触れながら、「基準を変えるのは大変なことだ」と明かす。

また苛性ソーダ工場で水銀が使用されていた問題では、政府の強力な指導で、水銀法から水銀を使わない隔膜法への一斉転換を行っている。「これまで通りの水銀法ではいけませんか」という業界の声を押し切っての転換だった。ここにあるのは、政府のこの事件への危機感で、先述したように、まさに「危機対応」であったのだ。こうした危機感の裏に何があったのか。それは未だ明らかになっていない。

第三水俣病問題は魚の値段の暴落などを引き起こした。このため熊本県は事態収拾のため、1974年1月、不知火海と水俣湾を仕切って水銀に汚染された魚を湾内に封じ込める「仕切り網」の設置に踏み切った。網の延長は2,350m。しかし、航路部分は約200mに渡って開口されていたほか、海がしけた後には網がめくれたほか、編み目をすり抜ける魚の映像が確認されたこともあった。仕切り網は水俣湾の「安全宣言」がなされた後で撤去された。設置から23年目だった。

水俣病を告発する会

一次訴訟提訴直前の1969年4月、患者を支援する「水俣病を告発する会」(本田啓吉代表) が熊本市で発足する。同会は会の行動原理を「義によって助太刀致す」と、やや古風な言葉で表現した。

告発する会の理論的支柱となった評論家の渡辺京二氏は、石牟礼道子さんから支援組織の結成の依頼があった時に、代表として「念頭に浮かんだ」のが本田啓吉氏だったと言う。本田氏は高校の国語科教諭で、教組役員の経歴を持つ。告発する会の機関紙「告発」第2号(1969年7月25日付)に載った「義勇兵の決意」が本田氏の「義」と、告発する会の精神を表すものとなった。「敵が目の前にいてたたかわない者は、もともとたたかうつもりなどなかった者である。そんならもう従順に体制の中の下僕か子羊になるがよい。(略) そうわたしは自分に言い聞かせ、水俣病市民会議の人たちが患者家族と共にととのえた戦列に参加することを決意した。(略) それがわたしが死んでいない証拠にもなるはずである」

「告発」の第1号にはこんな「案内」がある。「『水俣病を告発する会』は水俣病患者と水俣病市民会議への無条件かつ徹底的な支援を目的としている。水俣病を自らの責任でうけとめ、たたかおうとする個人であれば誰でも加入できる」

裁判支援、厚生省の補償処理委員会の阻止行動、チッソ株主総会、自主交渉への支援。根底にあった「核」は「患者の思いを晴らす」という一点であり、行動原理は直接性にあった。

機関紙「告発」の存在もまた特筆される。石牟礼さんや渡辺京二氏、松浦豊敏氏、原田正純氏ら多彩な人が原稿を寄せ、水俣病問題の歴史と何が今問われているかを具体的に提起した。

「自立した個」の集団としての「水俣病を告発する会」は運動の高揚とともに、全国に広がり、同名の組織は17にも上ったが、熊本の会が真ん中にあって司令塔になるというものではなかった。各地の告発はそれぞれが告発を名乗り、それぞれの責任において活動した。

裁判と自主交渉が補償協定書の締結という形で終わった後、水俣での新たな患者支援の拠点として「もう一つのこの世」を目指す「相思社」建設などに取り組んだ。

5.政府解決策

申請者の増加は水俣病問題に地殻変動をもたらした。それは、新たな認定基準の策定、これに抗する相次ぐ裁判となり、政府による解決策の提示と続いていく。

存在の否定

1975年8月8日付熊本日日新聞朝刊に「申請者にニセ患者が多い」という見出しの記事が載った。「〝補償金が目当て〟　特別委発言　環境庁はア然」。見出しにはこうもあった。

熊本県議会の公害対策特別委員会が環境庁に陳情に行った際のことだ。

「だいたい認定即補償という仕組みがいけない。ニセの患者が補償金目当てに次々に申請している。もはや金の亡者だ。これじゃたまらん」

「運転免許のさいは視野狭窄じゃないのに、検診の時は視野狭窄で見えないと答える」

「県知事や県の職員は環境庁に遠慮して、こういったことは言ってこなかった。しかし、これは事実であり、これまで私たちが言ったことは県民の声だ」

これらは現職の県議会幹部による発言であった。

陳情の狙いは認定制度の抜本改革。川本氏らの行政不服請求での逆転認定や患者が勝訴した一次訴訟判決に伴って申請者が急増したことが背景にあった。申請者が急増し、認定患者が増えることはチッソの経営を直撃することを意味する。

「ニセ患者」という言葉は、被害者からすれば、存在そのものの否定を意味する言葉である。怒った申請者らが抗議、一連の混乱で申請者・支援者4人が逮捕、起訴される事態となった。申請者らが名誉毀損による損害賠償を求めて提訴すると、今度は県側が一転、発言そのものがなかったとして報道を否定。このため熊本日日新聞社は患者側の立場で訴訟に異例の補助参加を行った。結果は県側の敗訴、熊本日日新聞に謝罪広告が掲載

された。

この出来事は水俣病の歴史における市民意識のある部分を象徴する。

発言の背景にある一つは、チッソを守ろうという意識である。患者が増え、補償によってチッソの経営危機が叫ばれるようになってくると、「これ以上、患者が増えては会社が困る」という意識が出てくる。

「ニセ患者」発言に見られるような意識や、市民のなかにある患者たちへの視線の厳しさを変えようと1990年前後から熊本県がリードするかたちでさまざまな取り組みが現地を中心に行われ、こうした結果の一つとして1994年、水俣病犠牲者慰霊式で水俣市長の吉井正澄氏が水俣病の犠牲者に市長として初めて謝罪、市民意識の「もやい直し」を提唱したのである。「もやい直し」とは、船のロープをくくり直すという意味で、以後「もやい直し」は地域再生のキーワードともなった。しかし今もまだ亀裂は消えていない。吉井氏は「もやい直しの人生」という熊本日日新聞の連載(2012年6月10日付朝刊）でこんなことを書いている。2000年に水俣市が「水俣市民は水俣病にどう向き合ったか」という本を出した時、匿名の座談会で、「やっぱり金でしょう。いやらしい」という患者批判の発言があり、「語り部は水俣病で講演料稼ぎをやっている」とする記述もあったという。語り部とは水俣市立水俣病資料館で講話を行う患者・家族のことである。発言に抗議した語り部に、吉井氏は「こんな状況だからこそ語り部が必要なんです」と説得したと明かしている。

「ニセ患者」発言に激しく反応した一人が緒方正人氏だ。

水俣病被害者の運動は、少数者が状況を切り開いてきた歴史とも言える。1956年の公式確認以降、少数の患者家族が訴訟を提起。もっと少数の川本輝夫氏らは自主交渉を展開した。そうした歴史の上に落とせば、緒方氏は衆を頼まない己一人の闘いを進めていると言っていいのかもしれない。

緒方氏は1953年、水俣市の北方、不知火海沿岸の芦北町女島の網元の家に18人きょうだいの末っ子として生まれた。父母やきょうだいも認定患者、家族ぐるみ汚染の典型である。緒方氏の水俣病との出合いは、父親の狂死だった。「いつかこの敵(かたき)はとってやる」。父親に可愛がられた末っ子の決意だった。6歳の時の毛髪水銀値は182ppmあったが、それでも緒方氏は水俣病とは認められていなかった。

緒方氏はニセ患者発言に身を挺して抗議。逮捕、起訴されたことで腹は決まった。

以後、緒方氏は川本氏とともに運動の最前線を走り続けた。しかし、激しい行動をとり続けながら、心の深いところで疑問がわく。水俣病は認定申請から始まり、検診があり、答申があり、処分がある。補償はチッソが行うべきなのに、事実上は県債という形で国をバックにした県が代行している。制度化した水俣病と水俣病を語らない患者。何より加害者に認定を求めるという矛盾。緒方は悩み続け、その行動や発言が「狂った」とうわさされたこともあった。

1985年、緒方氏は認定申請を取り下げ、申請運動から離れた。緒方の自問は続く。「人間の正体を暴く、と言ったらいいのか。一般に加害責任は追及されるけど、被害者は問われない。一般社会でもメディアでも。しかし、人間の愚かさ、危うさ、どうしようもなさ、この三つに気付くとこれは自分が引き取って考えるしかない。患者としておだてられるな、自分を生身の人間として付き合ってみよう、って。あっちとこっち、加害者チッソと被害者の私という二極構造では、人間がとらえられない」。被害者として組織されることも、ある意味の近代化ではないか。自分は何者か。そして気付いたのだった、「チッソは私であった」。もし自分がチッソの中にいたらどうしていたか。多分、同じことをしたのではないか。それが緒方氏の再出発の場所となった。

相次ぐ裁判

1973年3月の一次訴訟判決、7月の補償協定書締結以降、熊本県への認定申請者は年間1,900件を突破する勢いとなった。熊本県は集中検診で認定業務のスピードアップを狙うが、「でたらめ検診」などと逆に反発を受け、未認定患者問題は一気に社会問題化する。認定業務の遅れは県の怠

慢で違法とする不作為違法確認訴訟も起こされる。1974年のことだ。熊本地裁は1976年12月、認定業務の相当期間を「2年間」とし、原告勝訴の判決を言い渡す。熊本県は上訴を求める環境庁の意向を押し切って控訴を断念、判決は確定した。

一方で1976年5月、熊本地検はチッソの吉岡喜一元社長と西田栄一元工場長を業務上過失致死傷罪で起訴する。しかしこれは被害者の告訴を受けてのことだった。「患者である自分をささいな事件で起訴した検察庁が、殺人行為をしたチッソの刑事責任に目をつむるのは理不尽で、正義のバランスを欠く」として川本氏らが告訴したのである。起訴に当たっては、時効の関係などから被害者は7人に絞られた。公式確認から実に20年が経過していた。1988年、最高裁で、禁固2年、執行猶予3年の有罪判決が確定する。

昭和52年判断条件

水俣病の認定基準は、前出した「46年次官通知」と呼ばれる1971（昭和46）年に出されたものがあった。「一つの症状でも、水俣病を否定できない場合は認定」としたものだ。第三水俣病事件を収拾した環境庁は1975年に認定検討会を設置、新潟大学教授の椿忠雄氏らが中心となって「46年次官通知」の再検討に入り、出されたのが1977（昭和52）年に環境庁環境保健部長通知として示された「後天性水俣病の判断条件」、いわゆる52年判断条件である。

ポイントは、感覚障害を中心に幾つかの症状の組み合わせがなければ水俣病とは認めないことにしたことである。「46年次官通知」を分かりやすくした、というのが環境庁の説明で、変更ではないということだったが、数字の上ではこれ以降、認定が大きく減少、逆に棄却者が増大することとなった。翌78年に環境庁は「水俣病である蓋然性が相当高い場合に認定する。処分保留者については、新しい資料を得られる見込みがない場合は認定しない」とする新次官通知を出した。

この52年判断条件と環境庁の姿勢は、その後、司法の場では批判され続けていく。

水俣病二次訴訟控訴審判決（1985年、福岡高裁、確定）は、52年判断条件が「水俣病患者を網羅的に認定するための要件としてはいささか厳格に失する」と批判した。判決確定を受けて環境庁は急きょ専門家会議を招集し、議論したが、会議のメンバー8人のうち5人は52年判断条件作成に関与した医学者たち。「行き先の決まった列車に乗ったようなものだ」と揶揄する声が上った。認定を棄却された4人の処分取り消しを求める訴訟の判決も、水俣病の判断基準を「狭きに失する」と批判、認定審査会の判断を「狭隘な認定基準に固執した審査」とした（1986年、熊本地裁）。

「高度な学識と豊富な経験」（環境庁）を誇ったはずの認定審査会だったが、訴訟では敗訴し続けた。しかし国は「司法と行政は別」として認定基準を変えなかった。

国民の健康を守るはずの環境庁がどんな〝雰囲気〟の下で仕事をしていたのかを象徴したのが1988年から89年にかけてのIPCS（国際化学物質安全性計画）問題である。WHOなどでつくるIPCSが、水俣病の発症をめぐって、毛髪水銀の〝基準値〟が現行で50ppmとなっているのを、最新の知見からすると、妊婦などは胎児への影響を考慮し20ppm以下、もっと低い10ppmぐらいにすべきではないか、と各国に問題提起した出来事である。

これに対して環境庁は反論を試みようとする。その理由として、これが認められると、「水銀の環境基準や水俣湾のヘドロ除去基準の見直し、新たな補償問題の発生、訴訟への影響など、行政への甚大な影響が懸念される」として、反論作りを行う委員会を組織するため予算要求を大蔵省に行ったのだった。この内部文書が明らかになり、国会などで追及される事態となったが、公表された委員会名は黒塗りのままだった。その後明らかになったことの一つは、IPCSの動きに環境庁が反論しようにも、日本には長期微量汚染の継続的な研究が乏しいことであった。

県債発行

水俣病問題では、被害者救済より加害者救済が先行した、と言われるのが「チッソ県債」である。

「チッソをつぶさず、PPP（汚染者負担）の原則は曲げるな-という二律背反の命題を解くのに頭を痛めた」。当時の大蔵省の担当者の感慨である。

熊本県が県債を発行して調達した資金をチッソに貸し付け、患者補償に充てる県債方式がスタートしたのは1978(昭和53)年だ。実はこの年、国はチッソ県債、国の認定審査会設置、新次官通知という三点セットで「政治決着」を目指した。背景には、患者への補償金支払いによってチッソの経営が急速に悪化し、1977年9月期には78億円の資本金に対し累積赤字が312億円となったことを受け、地元・水俣からチッソ存続を求める声が上がったことなどがある。この問題では、チッソへの財政支援がスムーズにいくよう、地元がもっと騒ぐように政府部内から指示が出ていたことが、その後明るみになった。

県債を熊本県に引き受けてもらう見返りとして、国は臨時措置法で認定業務の一部を肩代わりする「国の審査会」をつくり、新たに環境庁の事務次官通知を用意する、三点セットの対策はこんな構図である。新次官通知は、「水俣病である蓋然性が相当高い場合に認定」などとした内容だ。前年の1977年には、認定に当たって症状の組み合わせを求めた判断条件を示しており、次官通知は認定要件を厳格化するものとされた。「認定基準を厳しくし、国の審査会を作って処分を急ぎ、補償は県債で万全を期す」。当時の関係者が語った言葉だ。

しかし、事態はそうすんなり「決着」とはいかなかった。チッソ県債のその後をたどると、やがて金額が膨らみ、その都度県は「国の100%保証」を求めた。スタート時には、PPPの原則から「国の真水(国費）は絶対入れない」と公言していた環境庁だが、やがて、「もう、うそでも償還計画は書けない」（環境庁）状態、つまりは破たん状態となり、自民党内でチッソの抜本支援策が検討されることとなった。県債による支援方式を廃止し、チッソの公的債務のうち自力返済できない分を国の補助金と地方財政措置で毎年肩代わり、後に触れる1995年の政府解決策の一時金のうち国が補助した約270億円の返還も免除するという異例の措置が2000年2月、閣議了解された。患者補償に万全を期すという大義名分はあったが、「国の真水（国費）は絶対入れない」という当初の約束はあっさり反故にされた。水俣病事件史は、国とチッソがさまざまな局面で相互依存を繰り返してきた歴史だったように見える。

国と熊本県の国賠責任をめぐっては、地裁で五つの判断が示されたが、「責任あり」が三つ、「責任なし」が二つだった。三次訴訟一陣判決（熊本地裁、1987年）は、「行政は適切妥当な法規がない場合でも緊急避難的に重大な危害を防止する義務がある」という判断を示し、食品衛生法の適用をはじめ旧水質二法の排水規制、警察官職務執行法など各種規制の行使義務を怠った国と熊本県の責任を厳しく指摘した。判決はその後、和解となったために確定することはなかった。

水俣湾埋め立て地

水俣湾にたい積した水銀ヘドロの除去は長年の懸案だった。百間排水口から流れ出た水銀量はチッソが資料を出さないために正確な数字は不明だが、150トン以上、あるいは400トンにも上るとする見方もある。1990（平成2）年、裁判による2年間の中断を経て、25ppm以上の水銀ヘドロを浚渫した58ヘクタールの埋め立て地が完成した。総工費約480億円。チッソ負担分は計305億円で、県がヘドロ県債を発行して立て替え、チッソは今も返済を続けている。ヘドロの上を合成繊維のシートで覆い、対岸の御所浦から持ってきた土砂をその上に乗せたほか、湾内の水銀濃度の高い魚もドラム缶に詰めて埋められた。

現在は運動公園などとして使われ、各種スポーツが行われているが、高濃度の水銀ヘドロは無処理のままで、いわば「仮置き場」でもある。国際会議で、日本が環境復元の例として説明したところ、会場から「場所を移しただけではないか」との疑問が出されたという。また、埋め立て地の

海岸側には砂を詰めた円筒状の鋼矢板が打ち込まれているが、耐用年数は50年。地震での液状化の恐れもあり、「老朽化」を不安視する声は根強いが、熊本県は、当分問題はないとの立場を示している。

進まぬ和解協議

被害者運動という側面では、1970年代後半から1980年代、そして1990年代と、大きく二つの流れがあった。一つは川本氏らを中心とした動きであり、もう一つは水俣病被害者・弁護団全国連絡会議（全国連）の動きである。

川本氏らはさまざまな裁判や直接行動を通して、認定制度に挑んだ。

認定の遅れは県が一定の期間でやるべき義務を果たしていないからだ、とする不作為違法確認の訴えは、熊本地裁で1976年に全面勝訴したが、認定業務は依然として停滞したまま。そこで川本氏らは不作為の期間の賠償を求める裁判、待たせ賃訴訟を提起する（1、2審勝訴、最高裁で差し戻しになり敗訴、1996年）。

一方、全国連は熊本、福岡、京都、東京と各地で次々と大型訴訟を提起、原告の高齢化を踏まえ、「生きているうちに救済を」をスローガンに、各裁判所からの和解勧告を連続して引き出す方針を立てた。このころ、全国連の関係者はこう言ったものだ「川本さんらのやり方をゲリラ戦とすれば、自分ら（全国連）は重戦車だ」。大型訴訟を進める全国連が考えたのは「司法救済システム」である。行政主導の認定基準とは別に、裁判所が関与する和解によって早期決着を測ろうとするものだ。あわせて、主導権を国ではなく、自分たちが握ろうという目論見もあった。

薬害スモン事件で中心になった弁護士らが水俣病訴訟に参加、1990年の東京地裁の和解勧告を皮切りに、以後、和解勧告は熊本、福岡、京都の各地裁、福岡高裁と続き、事態は和解へ大きく動くかに見えた。しかし国は「行政の根幹にかかわる」として和解協議への参加を拒否、原告と熊本県、チッソの3者による協議が始まった。しかし国の欠席の影響は大きく、和解協議は手詰まり状態となっていく。

「現時点では、これまでの行政の筋を崩すことはできない」（北川石松環境庁長官）と和解を拒否した国だったが、一方で独自の対策の準備を進めていた。環境庁長官が中央公害対策審議会（中公審）に今後の水俣病対策のあり方について諮問、中公審の環境保健部会水俣病問題専門委員会（井形昭弘委員長）で検討が始められることになった。神経内科を専門とし、鹿児島県の水俣病認定審査会長や鹿児島大学長も務めた井形氏は、認定制度から外れる「ボーダーライン層」の救済を考えるべきだという提言をかねてから行っており、委員会の論議は井形氏がリードする形で進んだ。答申は判断条件を変更するような新たな知見はないとしながらも、四肢末端優位の感覚障害を訴える者は少なくなく、これらの人が自分を水俣病と考えるには無理からぬ理由がある、として、水俣病発生地域住民の健康上の問題の軽減、解消を図ることの必要性を指摘するものとなった。当時、環境庁特殊疾病対策室長だった岩尾総一郎氏は「水俣病と認定するかしないかは、医学的に判断しようとすると百かゼロになってしまう。加齢による発症も含め、その間の層が存在するという考え方は理解できた」と振り返る。

1992（平成4）年、一定の症状がある人に医療費と療養手当を支給する水俣病総合対策医療事業がスタートする。行政としては初めての施策で、和解勧告に応じた熊本県の福島譲二知事は「問題解決に一歩前進した」と評価した。その一方で、「（認定申請を）棄却された患者のすべてを〝医学的に判断困難な例〟として出発している」と、制度の前提自体を批判する声があった。

「最終、全面」とは言うが…

水俣病の補償では、三本柱という言葉が使われることがある。

1973年の一次訴訟判決と補償協定で、一時金、医療費、療養手当（年金）の三つが認定患者に支給されることになったことから、水俣病救済のスキームでこの三つが必要条件とされた。その後の政府解決策に向けた和解の動きに沿ってみれば、環境庁が独自に進める総合対策医療事業で、三

本柱のうち医療費、療養手当（年金）が用意されたとみなせば、残るは一時金だけとみることも可能で、和解の動きを大きく後押しすることになった。

国が参加しない裁判所の和解協議が膠着する中で、事態を動かしたのは政治である。当時は自民党、社会党、新党さきがけの連立政権。非自民の細川護熙（もりひろ）、羽田孜（つとむ）政権の後、自民党が政権に復帰。社会党の村山富市氏を首班にした政権は、水俣病を戦後未解決の問題と位置付けた社会党が強く決着へ向け働き掛けたが、政策推進の実質的エンジンは自民党であった。

1994年の水俣病犠牲者慰霊式で市長として初めて謝罪した吉井正澄氏の登場も村山政権下の「政治決着」の動きを後押しした。

1995年1月、連立与党内の協議が本格化。福岡高裁の和解案を出発点とする社会党と、和解案から離れた解決策を求める自民党が対立したが、それは全国連と環境庁との対立の図式でもあった。与党各党の政策担当責任者でつくる政策調整会議が舞台となったが、参院選を直前にした政治状況と、水俣病問題の解決を国民にアピールしたい社会党に配慮する自民党という政治力学が「政治決着」を生んだ。歩み寄った与党合意は ①国、県の遺憾の意の表明 ②総合対策医療事業対象者への一時金などの支給 ③一時金は原因企業が負担 - などが柱となった。こうして大枠は決まったが、詰めの作業は政府に委ねられた。ここでも環境庁と患者団体が複雑に絡む激しい水面下のやりとりが繰り広げられた。

1995年12月15日、政府は水俣病問題の解決策を最終決定する。

一時金の額を1人260万円とし、5つの被害者団体に38億円から6,000万円の団体加算金を支払う。対象者は水俣病ではないが、一定の症状（四肢末端優位の感覚障害）があり「救済を求めるには無理からぬ理由がある」と位置付け、訴訟の取り下げなどを条件とした。

政府解決策では水俣病事件史上初めて首相談話が出されたが、しかし談話の中身は何回かの手直しの末に、国の責任については「その時々においてできる限りの努力をしてきた」とした上で、「的確な対応をするまでに、結果として長時間を要したことについて率直に反省しなければならない」と結果責任を強調することに終始する内容となった。また首相というより、首相である村山氏という「私」が前面ににじんだ内容となった。

政府解決策は、水俣病問題の「最終、全面解決」を主眼としたが、裁判費用の補てんなどを目的とし、使途を各団体に任せた「団体加算金」に、「紛争解決」という性格が象徴される。政府解決策の対象者は一時金が約1万人であった。この約1万人の一時金受給者のうち約7,000人は団体加算金対象の五つの団体に所属しておらず、結果的には実際の一時金受取額に格差が生ることになった。その一方、救済の対象外とされた会員を抱える団体では、加算金を使って対象外の人を手当てすることが可能になった。

当時の熊本県知事の福島譲二氏は対象者を5,000人、環境庁は予算要求で8,000人としたが、現実にはこうした予測をはるかに超えるものとなった。被害を小さくしようとする行政の目論見はここでも破たんしたと言える。

この政府解決策を唯一拒否した水俣病関西訴訟グループは訴訟を継続。世紀を越えた2004年10月、最高裁は上告審判決で、国と熊本県の責任について「国、熊本県は遅くとも1959年末には工場排水を規制すべきだった」と判断、初めて国と熊本県の不作為が確定した。ここでも少数者が状況を切り開く水俣病事件史が再現されたことになる。

1996年9月。東京のJR品川駅に隣接する空き地で「水俣・東京展」が始まった。高層ビルが林立する首都に、水俣から緒方正人氏らが乗ってきた打た瀬船・日月丸が展示された。東京湾まで約1,400kmを航海してきた「水俣の魂」であった。このほか会場には記録映画作家の土本典昭氏が集めた水俣病患者500人の肖像が並べられ、水俣で何があったのかを無言で語りかけた。「水俣・東京展」を継承した「水俣フォーラム」はその後、全国で巡回展を続け、水俣病公式確認の60年に当たる2016年に熊本展の開催を準備したが、熊本地震の影響で中止、2017年11月、熊本市の熊本県立美術館分館で開催された。

参考・引用文献

石牟礼道子『苦海浄土――わが水俣病』講談社、1969年

石牟礼道子編『水俣病闘争　わが死民』現代評論社、1972年（新版、創土社、2005年）

熊本大学大医学部10年後の水俣病研究班『報告書　10年後の水俣病に関する疫学的、臨床医学的ならびに病理学的研究（初年度）』1972年

水俣病研究会『認定制度への挑戦』水俣病告発する会1972年

熊本大学大医学部10年後の水俣病研究班『報告書　10年後の水俣病に関する疫学的、臨床医学的ならびに病理学的研究（第2年度）』1973年

有馬澄雄「細川一論ノート」季刊『暗河』1973年2号、1974年5号

財団法人日本公衆衛生協会『環境保健レポート』第32号、1974年

日本合成化学工業株式会社『日本合成化学工業株式会社50年史』、1979年

椿忠男『神経学とともに歩んだ道』第1集、1988年

『公害研究』第21巻第3号、岩波書店、1992年

NHK取材班『戦後50年 その時日本は』第3巻「チッソ・水俣、工場技術者たちの告白」NHK出版、1995年

水俣病研究会『水俣病事件資料集上、下』葦書房1996年

橋本道夫『水俣病の悲劇を繰り返さないために』中央法規出版、2000年

高峰武「封印された報告書」水俣病研究会編『水俣病研究』第3号、弦書房、2004年

川本輝夫著、久保田好生他編『水俣病誌』世織書房、2006年

熊本日日新聞社編集局編『報道写真集水俣病50年』熊本日日新聞社、2006年

水俣病公式確認五十年誌編纂委員会『水俣病の50年』海鳥社2006年

本田啓吉先生遺稿・追悼文集刊行委員会『本田啓吉先生遺稿・追悼文集』創想社、2007年

熊本学園大学水俣学研究センター『新日本窒素労働組合60年の軌跡』2009年

原田正純『宝子たち　胎児性水俣病に学んだ50年』弦書房、2009年

原田正純・花田昌宣編『水俣学講義』第1集～第5集、日本評論社、2004年～2012年

チッソ株式会社『風雪の百年』チッソ株式会社史、DNP年史センター、2011年

熊本学園大学水俣学研究センター、熊本日日新聞社編『原田正純追悼集　この道を――水俣から』熊本日日新聞社、2012年

高峰武『水俣病小史　増補第3版』熊本日日新聞社、2013年

岡本達明『水俣病の民衆史』第1巻〜第6巻、日本評論社、2015年

入口紀男『聖バーソロミュー病院1865年の症候群』自由塾、2016年

第2章

1970年代チッソ救済の経緯と論点

矢作　正

1.はじめに

チッソの経営は1970年代後半破綻した。水俣病患者への補償をチッソに継続させるべく、政府はチッソ救済に踏み切った。県債発行による融資という方法が取られた。チッソ救済の一方で、水俣病患者の認定条件を厳しくすることで、申請者の多くが認定を棄却されるようになった。本報告は、この間の経緯をチッソ副社長久我正一のメモを中心に明らかにするとともに、救済に関しての当時の論点を紹介するものである。

2.経営概況

水俣病補償金（漁業補償等除く）は、1973（昭和48）年3月の熊本地裁チッソ敗訴の判決を受け、1973年度に111億円、以後74年度36億円、75年度31億円、76年度47億円、77年度52億円、78年度68億円と支払われた。一方、チッソの経常利益は、75年度30億円の赤字、76年度1億3,600万円の黒字、77年度16億円の赤字、78年度3億3,000万円の赤字と推移した。負債が総資産を上回る債務超過も、77年度末276億円へと増大した。水俣病補償が債務超過の主原因であった。78年10月上場廃止となった。

2.県債発行の経緯

チッソ救済のための県債発行の経緯について、チッソ元副社長久我正一のメモが残されている。同メモの注目すべき事項として、以下の点があげられる。「」内は久我メモ。[ ] は筆者(矢作)。

チッソ救済の前提として内閣官房が、県知事に対して認定を厳しくするよう(1978.3.29)、チッソに対しては協定を改定して軽症者へは低額補償で済ますよう(1978.1.28,1978.4.27) 要求したことが明らかとなった。

「78年3月29日 沢田[一精熊本県]知事・道正(どうしょう)[邦彦内閣官房]副長官(二人は同期大蔵省入省)
道正副長官は、71年次官通知を厳しく批判し、補償金支出の歯止めを欠落しているとして、認定について厳しい姿勢を求めた。」

「78年1月28日 清水[汪]内閣審議室長、木戸[脩]審議官・久我、後藤
次ぎのことが当方への注文として示された。イ)返済可能な範囲での支援しかできない。ロ)補償 金の改訂、あるいは破棄をせよ。締結時の認定患者と、現在の認定患者を一緒に扱っての補償 に対する金融支援は考えられない。今のままではザルに水を注ぐがごとしだ。これに対し協定改訂の困難な実情を訴えた。」

「78年4月27日
道正副長官は、新認定患者に従来の補償協定を前提にした補償金を支払い、これを対象に金融支援措置を講ずる事は承知できない。彼らには補償法に定める給付内容で十分であり、そこまでならば公的資金による支援を行うが、それ以上は不可能と城戸次官に迫った由。
道正副長官は当日当方に対し不払い宣言あるいは更生法適用申請を行い、そのうえで協定改訂を申入れよ、と強く迫られた。久我は、協定改

訂の件が仮に裁判になれば勝訴の見込なき事、またこの事態での更生法適用は即破産に通じ、すべて瓦解する事を訴えた。副長官は納得せず改訂提案を信沢清局長とさらに協議せよとつき放された。」

チッソ救済に大きく寄与した人物は1973年協定時の環境庁事務次官船後正道であった。「ある時環境庁はチッソを犠牲にして緊急避難をした。そのチッソが今日の事態に至っている。何とかして支援したい」と。大蔵省時代の部下藤井裕久参議院議員にまとめ役を依頼した(1977.11.11)。

「77年11月11日 船後［正道］元［環境庁］次官、藤井裕久参議院議員ー久我、後藤
船後元次官は、『本件についての公的資金による金融支援は、建前からも（ＰＰＰの原則、私法上の損害賠償責務）前例もなく、極めて異例である。行政上の配慮と、法律、制度面の根拠、整合性がないと、実現できない。かつ、具体的に論議されるには経営逼迫の事態が表面にでてこないと期待できない。もうしばらくまて』、『各省庁の関係各課長のほとんどと面識があり、見識も高い藤井参議院議員に一役買ってもらう』とのことで、藤井先生にお願いすることになった。」
「藤井先生は当初固辞したが、『元部下として来てもらった。どうしても承知してもらいたい。ある時期環境庁はチッソを犠牲にして緊急非難をした。そのチッソが今日の事態に至っている。何とかして支援したい。どうか聞き入れてほしい。』藤井議員は、『わかりました。やります』と。直ちに関係省庁に声をかけ勉強会を開始することとなった。」

地域救済としてでないとチッソ救済は容易ではない、と船後元次官は強調している。「市長を馬鹿騒ぎさせよ」(1978.1.12)。道正邦彦内閣官房副長官も「財政支援は一私企業救済では大義名分がない。坂田道太代議士をかついでもっと派手に地元を騒がせよ」(1977.9.19)。

「78年1月12日 船後元次官ー久我
市長を馬鹿騒ぎさせよ。チッソの支払い不能のような事が起こるだけでは駄目た。水俣市の存亡にかかわるとして社会問題化させないと容易でないぞ。」

その他注目すべき経緯

1977（昭和52）年7月21日　道正副長官
「未だ財政資金をうんぬんする時期ではない。この時点で云々すると患者が安心して攻勢を強め長期的にみてチッソのためにならない。関係の医者もルーズになる。」

1977年12月13日藤井委員会での議論「イ）地方債発行による支援が最善。ロ）第2案として、補償法を改正し補償協会からの融資を講ずる方法。しかし、チッソの補償協定による給付との差が大きすぎる。ハ）メーンバンクの日本興業銀行自身の融資には限界がある。」

1978年4月頃事務次官通知を出すという話が出ていた。チッソの患者補償を県債発行でしのぐのなら、認定要件を厳しくし、患者の増大に歯止めをかけていく必要があると（西日本新聞1978.6.18）。

1978年6月内閣官房や自民党筋から「71年の環境庁事務次官通知を撤回しろ」「認定患者とチッソで結んでいる補償協定を改訂しろ」といった圧力が環境庁へかけられている（西日本新聞6月9日）。

78年6月20日「水俣病対策について」が閣議了解。12月熊本県議会で県債発行が決議された。

3.チッソ救済に関する論点

チッソ救済の是非

認定患者数に関しては、1978年5月当時、政府や興銀などでは「患者は5,000人程度に達するのでは」とみていたという。「患者は1万人として、その補償額は2,000億円かかる」ともいわれていた。チッソを支えてきた興銀としても、「もはやこれ以上の資金繰り支援を続けることは限度を超えるものと判断するに至った」(二村宮国『エコノミスト』1978.6.17)。

チッソ救済と同時期の78年6月、佐世保重工を政府が前面に出て救済した。佐世保重工に関しても倒産止むなしの声が経済界には強かったが、チッソについても経済界は当初倒産止むなしの声が強かった。日本経済新聞社説1978.2.4は、「企業の自己責任が原則であり、会社存続を前提とした支援策の発想は公害責任の所在が不明になりおかしいのではないか」と論じた。

「大蔵省、通産省は、救済を働きかけた1977年当初倒産止むなしであった」(久我メモ)。大蔵省OBの一人は「公害企業のしりぬぐいのために公的資金を注ぎ込むのはPPP(汚染者負担原則)に反する。それに支援のための資金がいくら必要か見当がつかない。倒産させて、患者救済については、特別の法的措置により、国が正面に出て面倒をみていくべきではないか」と(二村宮国『エコノミスト』1978.6.17)。

国の水俣病に対する責任、補償についての考え方について、73年3月三木武夫環境庁長官は参議院で次ぎのように語っていた。「政府は、水俣の悲惨な状態に置かれた人々のことを、将来のことを考えて、できるだけのことをすべきである。それだけの責任は持っておると思いますよ。しかし、それを即補償に結びつけては考えてはいない。」

「(県債発行によるチッソ救済の)決めてとなったのは公害健康被害補償法の法律解釈だ。支給と原資調達は切り離して、患者に支給せざるをえないというのが最終結論だ。そのカネは一般会計から出すことになる。それではたまらないと大蔵省は判断した」(熊本日日新聞1978.6.18)。「加

害企業が倒産することで、十分な賠償がとれなくなることはやむを得ないこと」、と割り切ることはできないというのが政府内部の多数派であった。」「結局政府・自民党はチッソ救済に動いたが、その決定的な要因となったのは、一つは、『水俣は公害の原点であり、公害政策の前進のためにもチッソをつぶすべきではない』（環境庁元首脳）とする考え方である。もう一つは『チッソを救済して、間接的に国の資金で患者を救済するのと、チッソをつぶして、正面から国が出ていって救済策を講じたり、水俣市のために特別の地域振興策を講じたりするのと、どちらが行政的にコストが安いかを比較するとチッソ救済の方が安上がりだ』とする判断であった(二村宮国『エコノミスト』1978.6.17)。

日吉フミコ水俣病市民会議会長は「よそから来た人はチッソはつぶれて当然と言っていますが、私たちはチッソがつぶれたら補償金はどうするのだろうという不安が一番に来ます」（1978.4.3録音テープ）と語っていた。

「チッソの倒産は避けるべき」、という点については大方の了解が得られた。理由として、水俣病患者の補償の継続とともに、地域経済への影響が挙げられた。水俣病患者の救済というだけでは他の公害問題への波及が避けられないと考えたのであろう。

救済方法

国の融資が汚染者負担原則に反するかは明確とはいえないが、熊本県『要点』には、「特別立法によるほか国の金融支援は困難だが、国の直接融資は汚染者負担原則から問題がある、そこで県債方式が考案された」との記述がある。なにゆえ、国の融資では問題で県の融資ならさしつかえないのか。「地域経済の安定」が目的として重視されたゆえんではあろう。

チッソを存続させる方法として以下のような議論があった。日本開発銀行の融資によるべき（熊本県知事・県議会)、興銀の融資によるべき（社会党）との案も出されたが、法律的に無理との判断であった。興銀のこれ以上の融資は銀行法違反、と。公害健康被害者補償法に基づく補償も案としては出たが、水俣病患者への補償金は膨大になり、公健法での支払い金額が問題になっている折り困難との認識であった。特別立法で財政資金を投ずる方法はあったが、容易ではなかった。

チッソのみを対象に異例の特別立法をすることは、民事責任を遂行するために経営危機に陥る企業は他にもあり（例:大洋デパート、カネミ等)、今後も発生する可能性があるので、影響が大きく容易にはできない。日本経済新聞1977.12.13には、特別立法は現在の保革伯仲の政治状況では無理との見方が強い、と。

県債発行の根拠と問題点

県債発行は地方財政法第５条第１項第２号を根拠とするが、発行の条件を政府は以下のように説明した（1978年２月16日衆議院内閣委員会)。

石原信雄内閣官房審議官、「地方債の発行は、従来、転貸の対象となる事業についてその地方債を起こす団体が何らかの形で行政責任を有する場合、かつ、その転貸の対象となる事業が多くの場合は建設事業である、第三に、償還について心配がない、という三つのケースについて転貸債を許可している。」チッソへの融資はどの条件にもあてはまらない。

「どの役人に聞いてもチッソに貸した金が返ってくるとは信じていない」といった状況（熊本日日新聞1978.6.17)。当然、県は国の100%保証の明文化を求めたが、結局文書化はされなかった。そもそも汚染者負担の原則から、原因企業の債務が履行不能となる場合の保証を予め明文化することはできないという理由に加え、国が100%保証を文書化することは、未だ発生していない債務でその金額も確定していない債務について国が債務負担行為をすることになり、財政制度上もできないと熊本県『金融支援措置の要点』1995年は記している。

県知事・県議会の対応

地元の当初の反応は、「起債は国が責任を回避して一方的に県に責任を負わせるもの」という受け止め方が一般的であった（二村国宮『エコノミスト』1978.6.17)。結局は受け入れることとなった。沢田一精熊本県知事

は、1978年1月19日の記者会見で、「1、政府による100%保証と、2.法改正による一部認定・検診業務の政府委譲、の2条件を国が認めるならば県が発行を引き受けてもよい」、「水俣病問題を一地域に発生した地方の問題とし、これを知事が処理するのは当然だ、との考え方が通産省サイドを中心に根強いのは残念だ」と述べた(熊本日日新聞1978.1.20)。

県債発行と患者切捨て

1978年7月3日環境庁事務次官通知で患者切捨てが鮮明に打ち出された。内閣官房のある役人、「補償金額がわからん状態で、国税は使えませんよ。認定、棄却は厳重にやってもらわないと。」

補償協定が問題となった。新認定患者への補償金を低くするよう強く求められた。県、省庁が要求したというが、久我メモでは清水汪(ひろし)内閣審議室長(1978.1)、道正邦彦内閣官房副長官(1978.4)が主張している。

水俣市他の反応

和泉淳男水俣市商店街連合会長「ひと安心だが、もうそろそろ水俣もチッソ100%依存から抜け出すときだ」(熊本日日新聞1978.6.17)。県債発行でチッソが水俣撤退をしにくくなった。野木貞雄社長、「水俣工場の経営状況が悪いからといって逃げ出せば、マスコミから「社会責任はどうなんだ」といわれてしまう」(朝日新聞1978.6.17)。

産業界の反応:多くは「やむを得ない措置」との反応であった。しかし、通産省からチッソへの支援要請を受けた石油化学業会では、「各社の経営が苦しいさなかなので、当面は精神的な支援にとどまらざるを得ないだろう」と(日本経済新聞1978.6.17)。

マスコミも県債発行自体はやむを得ない措置とした。熊本日日新聞社説1978.6.17は、「補償金支払いは確保されるが、汚染者負担原則がぼやけたものになった」、と述べたうえで、「問題は、環境庁の通知と法案の内容であるが、『棄却促進』を意図しているとしか言えない。水俣病患者の裾野に光をあてて、水俣病対策を根本から考え直すことが必要」とした。

参考文献

矢作正「チッソ史1975-80 Ⅰ」『技術史研究』（現代技術史研究会）83号,2016年1月

.

第3章

2000年以降の経過と未認定問題

久保田　好生

1.はじめに

「歴史は繰り返す」と言うが、水俣病の認定補償問題は、まさにそれを地で行っている。未認定患者の救済や補償について、同じような政治のサイクルが世紀をまたいで二度繰り返され、いまやそれでも片付かずに三度目のサイクルに入っているのだ。当章の筆者は東京に在住し、1970年代は学生として、就職後は余暇の範囲で、支援を続けてきた。しかし、教職勤務の38年間に見たこと・そして定年退職後の今。デジャブ(既視感)ではないかというような「運動の風景」が、三度目を迎えている。繰り返されているサイクルとは以下のようなもので、いま(2017年夏)はその三サイクル目の1あたりのところにいる。

1、新たな潜在患者の抬頭(公健法による水俣病認定申請や訴訟)～補償救済を促す司法判決。
2、それに対する行政官僚による予算措置だけの対策‥‥事態を解決できず。
3、政治(国会の与野党議員)が動いて広範な和解策の実施‥‥それでも「積み残し」

後掲(p 89.表3-1)の「水俣病患者・被害者数」のとおり、第一回目:1995～96年村山内閣時代の政府解決(第一次政治決着)で救済対象となった人が約1万1千人。第二回目:2009年特措法立法を経て2010～2012年司法和解と特措法判定(第二次決着)では約3万5,000人で合計4万6,000人。これに加え、一時金は支払われないが「医療費自己負担分の給

付」のみを受ける人も加えると2回合計で7万人。だから、二度のサイクルで、救済対象者が人数として広がったことは事実である。

しかし1995年村山内閣の時は「最終解決」と呼ばれた。2010年からの「特措法／司法和解」では「能(あた)う限りの救済」とされた。それなのに、いま、新たな認定申請(処分待ち)の人が熊本・鹿児島両県で2,100名。被害確認(認定)や補償をめぐる訴訟が9件(これと別に新潟水俣病で3件　2017年8月現在)で、訴訟原告数は約1,500人に上る。こんな不思議な「繰り返し」は、ほかで聞いたことがない。なぜこんなミステリアスな事態が、水俣病では続いているのだろうか。

これについては、「救済に取りこぼしが出たのは政策の落度である」との見方がある。とりわけ、近年指摘されているのが「不知火海沿岸で広域な住民調査を行なって、健康被害の総数をまず把握すべき」ということだ。それをしないから同じことの繰り返しになる、というのは説得的である。他方、少し違った角度からは、「二つの不十分な救済で終わらせなかったのは、筋を通す患者の闘いがあったから。そうでなければ終わっていた」とも言える。

政策の貧困が患者を積み残したのか、不十分で終わりかけたところを患者の闘いが挽回したのか、両方か。以下、今世紀の事件経過をたどって、課題を考えていきたい。

2.提訴を取り下げなかった関西訴訟

第1章の通り、村山内閣において行われた1995(平成7)年の政府解決策(第一次政治決着)によって、水俣病の未認定問題は大筋で決着したと見られていた。そこに衝撃と覚醒をもたらしたのが、和解に応じないで裁判を続けた「チッソ水俣病関西訴訟」の2004(平成16)年最高裁判決である。チッソだけでなく、汚染被害を放置し拡大させた国と熊本県にも賠償責任があることがここで初めて確定した。

高度経済成長の昭和30年代、水俣をはじめとする不知火海沿岸の農漁村では、チッソの汚染による漁業不振も相まって、少なからずの人々が熊本・

鹿児島県外へと出郷した。就職先は北九州・大阪・名古屋・東京などの工場や商店で、とくに関西圏には多くの人々が移住した。大阪の支援者がその人々を訪ね歩き、患者の会が発足。患者と支援者（チッソ水俣病関西訴訟を支える会／池田新代表）は、阪南中央病院や弁護士に働きかけて関西訴訟団（初代：岩本夏義原告団長、松本健男弁護団長）を結成、そして1982（昭和57）年に県外患者で初の水俣病裁判を始めた。それが「チッソ水俣病関西訴訟」（以下「関西訴訟」）で、原告患者は死者2名を含む36名、追加提訴などにより高裁判決以降は58名である。関西には反差別運動の蓄積があり、支援活動も多様に展開した。

裁判所が各地の水俣病訴訟について和解協議をしていた1994（平成6）年、それに応じない関西訴訟に下された大阪地裁判決は厳しいものだったが、訴訟団は「国の加害責任を認めず、水俣病定義も曖昧な和解は受け入れられない」との意思で裁判を続けた。翌年の政府解決策によって、水俣現地は地域ぐるみで「和解」「もやい直し」の風潮に浸されたが、それに距離を置いて続けられた関西訴訟は控訴審で光を得た。2001年の大阪高裁判決（岡部崇明裁判長）が、国と熊本県にも賠償を命じたのである[注1]。

2004年最高裁前で勝訴を報告する川上敏行団長

当時、発足したばかりの小泉内閣は、同じく国の賠償責任が判示されたハンセン病訴訟熊本地裁判決の控訴は断念したが、水俣病関西訴訟は取下げず、高齢患者も訴訟継続を余儀なくされた。被告のうちチッソは高裁判決を受け入れたので、国と熊本県だけ

注1 もうひとつ、棄却処分取消を求める御手洗鯛右氏の行政訴訟も、政府解決を拒否して継続された。1997年に福岡高裁で勝訴が確定し、県知事が患者として認定。溝口訴訟など後の行政訴訟の先駆となった。

が患者と争い続ける異例の上告審となった。原告患者側は大澤忠夫氏（現地移住支援者）が東海道五十三次を行脚して呼びかけるなどで全国から45万筆の署名を集めて上告取下げを求めたが、国・環境省は判決が認めた病像が行政の認定基準より広かったため、「水俣病行政の根幹に関わる」として裁判を続けた。

そして2004年10月15日、最高裁判所（第一小法廷／北川弘治裁判長）が、大阪高裁判決を大筋で追認し、原告の多数に対して、チッソ・国・熊本県に賠償を命ずる判決が確定したのである。

「水質二法」適用の遅れ／判決が認めた行政責任

関西訴訟判決は、水俣病の発生・拡大当時の水質二法（水質保全法・工場排水規制法／現在は水質汚濁防止法に統合）をめぐる不作為（施策の怠りや遅れ）について国の賠償責任を判示した。唯一この点だけで国の責任を認めたので重要だが、この水質二法とは、環境庁（現・環境省）が公害規制や被害者救済に当たる役所として厚生省から独立する以前の法律で、水質保全法を担当する経済企画庁（以下「経企庁」）が汚染水域を指定し、それぞれの行政が工場排水規制法により規制基準を定めるというもの。不備の多い法律だったが、水俣病と同じ頃に発生した、本州製紙江戸川工場の排水による東京湾岸・浦安の漁業被害にはすぐ適用されて効果を挙げた。

他方、水俣湾とチッソの水銀汚染に適用されたのは1969（昭和44）年という遅さ。チッソはその前年にアセトアルデヒド工程の稼働を終えているから規制の意味がない。判決は、水銀分析方法の不備や原因究明の未確定などという行政の主張を退け、「遅くとも1959（昭和34）年11月ごろには水質二法を適用すべきだった」と指摘した。

また、熊本県には県の漁業調整規則（水産資源保護法の下部法規）でチッソの排水規制をしなかったことが賠償責任に当たるとし、国と熊本県が負うべき比率は全賠償額の4分の1とした。

3.国の水俣病加害責任は他にもある

しかし、昭和30年代の行政の無策は上記のみにとどまらない。20世紀に遡って、水俣病の発生・拡大についての国の責任をもう三点、挙げておこう。

①水俣湾産魚の採取を規制する食品衛生法の不適用

まず、食品衛生法の問題がある。法第6条は食品衛生の観点から販売や販売目的の採取を禁ずるとして項目を挙げ、その第2項で「有毒な、若しくは有毒な物質が含まれ、若しくは付着し、又はこれらの疑いがあるもの」と定めている。公式確認から一年後の1957(昭和32)年には水俣湾の魚を食べると発病することが既に明らかだったため、熊本県は厚生省(現・厚生労働省)に、法の適用を相談した。ところが同年9月、厚生省は「湾内の魚の全てが有毒化しているという根拠がないので適用できない」という回答をし、漁獲規制はストップした。この点につき、関西訴訟でも証言に立った当時の熊本県の守住憲明公衆衛生課長は、TVのドキュメント番組(NHK「埋もれた報告(1976)」で、厚生省回答により漁獲禁止の告示ができなくなったことを嘆いている。

この時点で漁獲禁止の告示をしなかったことが不適切で、行政の賠償責任に当たるという患者側の主張は、水俣病第三次訴訟の熊本地裁判決(1987/相良甲子彦裁判長)では認められている。しかし、1995(平成7)年に政府解決を受諾してこの訴訟が取り下げられたため、確定判決とならなかったことが惜しまれる。

ちなみに、近年、食品衛生法については、「第58条(食中毒患者の調査・届け出という義務規定)を、今からでも国と県は実施すべき」という議論や訴訟が起こり、水俣病の広域健康調査を実現させる手段として注目されている。漁獲規制を回避して被害を拡大させ続けた公衆衛生行政の過ちは、同法による患者調査の必要性を一層際立たせる結果となっている。

②産業優先を貫いた通産省などの責任

水俣病の被害拡大について厚生省に勝るとも劣らぬ責任を有するのが通商産業省（以下「通産省」／現・経済産業省）である。1958（昭和33）年、水俣湾に流しているチッソの排水が水俣病の原因だと察知した通産省はチッソに行政指導を行い、アセトアルデヒド工程の排水先を南側の水俣湾から北側・水俣川沿いの八幡（はちまん）プールに変更させた。その結果、北の津奈木村（現・津奈木町）の漁民が発病した。この「排水路変更」は、チッソ排水と発病の因果関係がわかりやすかった事例でもあったため、チッソの吉岡喜一社長・西田栄一工場長の刑事責任が問われた裁判（1976～88／業務上過失致死傷罪が確定）で、起訴事実の中心となった。これはそのまま通産省の加害責任にも当たるところだが、排水路変更指示を確定的に裏付ける文書は開示されていない。

通産省は一貫してチッソの擁護に回った。著名なところでは第1章にある通り、1959年の厚生省食品衛生調査会答申をめぐって、閣議で池田勇人通産相が厚生相に「有機水銀がチッソ工場から流出したとの結論は早計」と追及。食品衛生調査会水俣食中毒部会は原因究明の道半ばで解散し、水俣病対策についての各省庁連絡会議も経済企画庁の担当とされてしまった。

関西訴訟では、厚生省・通産省・経済企画庁・熊本県などの行政官を多数証人に呼び、発生期の行政の施策について問い質している。その証言調書は国の政治過程を裏付ける貴重な資料だが、そのうちの一人、経企庁で当時の汲田卓蔵水質調査課課長補佐は、上記のNHK番組で「当時は産業が優先していた。（環境対策放置の）確信犯と言われても仕方がない」と述べている。

③刑事捜査や訴追の問題

もうひとつ、国の責任として挙げておかねばならないのが、水俣病発生期において、警察や検察が何ら動かなかったことだ。宇井純『公害の政治学』（三省堂新書／1968）には、1963（昭和38）年に熊大医学部の入鹿山教授がチッソ工場内の泥土から病因物質であるメチル水銀を抽出し、チッソ排水と水俣病の因果関係が確定的になった時の報道が紹介されている。熊本日日新聞の記者の取材に対し熊本地検の池田検事正が「結論次第では大いに関心を持たねばならない」と。しかし、この検事は転勤となり、結局、先に述べた刑事裁判が患者の告訴を契機として遅ればせに始まるまで、チッソに対する刑事捜査も訴追も一切なされなかった。

他方で1959年の漁民騒動や、自主交渉での1972年の川本輝夫氏傷害罪起訴など、被害者側には厳しい訴追。それは著しく不公平、として1977年東京高裁は患者・川本輝夫被告の刑事裁判で、検察の起訴を破棄する公訴棄却判決を言い渡した(寺尾正二裁判長/ 1980年最高裁で確定)。

これも1章に述べられている通りである。判決は「患者から見れば国も一半の責任」と指摘している。

国の水俣病責任のありかた

行政が企業を守り育てる戦後経済は「護送船団方式」とも呼ばれた。化学企業を守り生産を続けさせる高度成長期の国策が、水俣病被害に対する無策の背景にほかならない。第2章で詳述の通り国はチッソに対して破格の融資や特例を設けたし、予算措置としては政治決着対象者の医療費給付もしているが、国家として賠償金(の一部)を支払ったのは関西の勝訴原告に対してのみである。

公式確認50年の2006(平成18)年5月には、2年前の最高裁判決をふまえ「長期間にわたって適切な対応をできず、被害の拡大を防止できなかったことについて、政府としてその責任を痛感し、率直におわび申し上げます」との小泉首相談話が出され「その時々に最善の努力をした」という村山首相談話を事実上修正したが、認定患者も含めすべての水俣病被害者に対して賠償者の立場には立っていない。その当否は厳しく問われるべきところである。

4. 2004年「最高裁判決」後の新展開

新たに登場した潜在患者が6万5,000人

水俣病の認定は、1969（昭和44）年の旧救済法、1974（昭和49）年からは公害健康被害補償法[注2]（略称「公健法」）により、熊本水俣病の場合、居住地や出身地により熊本か鹿児島の県知事に申請することが定められている。認定申請や訴訟の取り下げを条件とした1995（平成7）年の政府解決（第一次政治決着）の結果、認定申請を続ける未処分者は二十数人にまで減っていた。県や国の水俣病行政では、全員の処分を終わらせ、熊本水俣病を公健法の指定地域から外すことを検討し始めていたかもしれない。

公健法の指定地域は、国会の議決を経る法律ではなく政令によるため、政府の裁量で廃止できる。現に第一種地域（大気汚染地区）については1988（昭和63）年、財界の圧力もあってすべての指定地域が解除（新規認定の終了）とされてしまった。水俣病の健康被害を申し出る窓口が将来閉ざされる心配は常にある。

ところが、最高裁判決の後、新たな認定申請者が続出し、翌2005（平成7）年5月には2,000名を超えた。そして後述する2012（平成14）年の特措法救済（第二次決着）の締切りまでに、「一時金受給の判定申請」、「医療費補助の手帳のみ申請」もあわせて、熊本・鹿児島両県で合計6万5,000人余の人々が、新たな被害者として申し出るに至った。最高裁判決の地元への波及効果がこんなに大きいとは誰も予測できなかった。水銀汚染の底の広さを思い知らされる。

新たな申請者を訪ね歩いて聞き取りをした研究者によれば、子供の就職や結婚まで我慢したがそれが済んだから、とか、高齢になって水俣病様の症状が強くなってきたから等の申請理由が報告された。チッソ城下町の圧力や、漁業関係者の自主規制も以前よりは弱まっている。そして、「最高裁が、国にも水俣病の責任があると認めた」ことが大きく報道され、被害の名乗り出をためらう人々の背中を押したのだろう。

注2　現在の正式名称は「公害健康被害の補償等に関する法律」

新たな提訴の続出

認定申請の急増のみではない。未認定患者による裁判も新たに起こされた。2005（平成17）年には、民医連などの支援を受ける集団訴訟としてノーモア・ミナマタ訴訟（原告は不知火患者会／大石利生会長）が始まり、同趣旨の提訴が近畿・新潟・東京と続き、後述の2010（平成22）年司法和解（特措法救済と並行した第二次決着）時点での原告数は4訴訟合計で約3,000人に及んだ。

2007年に提訴した熊本の第二世代訴訟（被害者互助会／佐藤英樹団長）と新潟の三次訴訟（高島章弁護団長）は、司法和解に参加せず、十年後の現在も国賠訴訟を高裁で継続中である。また、関西の勝訴原告のうち何人かは新たに公健法認定を求める訴訟に踏み切った。とにかく、1995年の政府解決の「国に賠償責任はない」という前提が最高裁判決で覆ったため、「全てリセット」されたような状況で、続々と裁判が起こった。

最高裁判決前から続けられてきた争訟（裁判や不服審査請求）もある。遺族原告の溝口秋生氏による「母・チエさんの棄却処分取消しを求める行政訴訟」（2001 ～）と、緒方正実氏による「行政不服審査請求」（1998 ～）が、後にそれぞれ貴重な結果を勝ち取るのだが、関西訴訟判決が、最高裁の審理を傍聴した両氏や、新たな提訴者を励ましたことは明らかだ。

最高裁判決を受けた行政の対応

最高裁国側敗訴判決を受けて謝罪をする
小池環境庁長官

最高裁判決を受けて環境行政がどんな対応をしたかも記しておかねばならない。

環境省と熊本県は、関西訴訟と二次訴訟（1985年に福岡高裁で確定）の勝訴原告に対して、医療費自己負担分の補助を始めた。国賠や民事などの賠償請求訴訟で得られるのは一時金だけなので、生存患者に対する継続的な医療費給付は大切である。また、第一次決着以後は閉じていた「保健手帳」（医療費の自己負担分を行政が給付する）の窓口を再開した。これは、潜在患者の申出を促す契機となった。

そして、当時の小池百合子環境大臣の私的諮問機関として、学識者・元水俣市長・福祉実務者ら10名の委員による「水俣病問題に係る懇談会」（有馬朗人座長／以下「環境相懇談会」）が1年半かけて討議を行い、提言を出した。最も注目された「水俣病の認定基準が厳しすぎるのではないか」という点については環境省官僚の抵抗が著しく、そこを断定的に批判する答申にはならなかったが、「恒久的な救済・補償」などを求める提言が出された。

環境省による、水俣病の認定基準（1977 ／昭和52「後天性水俣病の判断条件」）の護持は、常軌を逸している。懇談会委員に対する官僚のバトルもその一例だが、関西訴訟最高裁判決当日も同様だった。夜に訴訟団が小池環境大臣に申入れることとなり、その大臣交渉はNHKドキュメント「不信の構図（2004）」にも記録されているが、環境省当局は大臣交渉以前の夕方、独自に記者会見をし「水俣病判断条件は見直さない」と宣言した。そして、この姿勢は後の溝口訴訟最高裁判決以降も続く。

1971年に発足以来の環境行政がすべて落第点だとは言わないが、環境省官僚が、狭い水俣病認定基準をかたくなに護り続けていることの異常さは、各章の論点とも深くかかわるので、読者の記憶に留め置かれたい。

特徴的な環境保健部長

筆者は東京で「水俣支援」の季刊誌を発行し続けている支援者だが、21世紀に入ってからの水俣病の闘いで、印象的な環境保健部長2名について記しておきたい。環境省の環境保健部長とは、医師免許を持っている上級国家公務員に与えられるポスト。かつて宇井純氏も一目置いた橋本道夫氏が初代（1974年就任）だが、ほぼ2年程度で他の部局に移るのは国家公務員上級職の通例で、水俣病関係ではその部下の「環境保健部・特殊疾病対策室長」も医師免許ある技官のポストである。また、都道府県の健康・環境・衛生系の幹部職などにも医師資格ある技官のポストがある。

滝澤秀次郎環境保健部長／2004年関西訴訟最高裁判決の時の部長。後述の原部長のような能弁タイプではなく、最高裁判決の当夜の交渉当日も、あまり目立たなかった。けれど、関西訴訟団が出した要求の一つに「原告に謝罪せよ」というのがあり、それを受けてはるばる大阪へ、関西原告の患者家庭に、国としての謝罪訪問をしてまわった。大阪の患者さんたちがファーストネームで呼んで好意的に語っていたことを思い出す。（とはいえ、水俣病の認定基準が見直されたわけではない。）

原徳壽環境保健部長／2009年、朝日新聞の企画で「水俣病像をどう見るか」のインタビューが、患者側に立つ水俣協立クリニック高岡滋医師のコメントとの対比で記事になった。原部長曰く「1969年生まれ以降の人に水銀値が高い例があるというが、原因は魚かどうかわからない。母親がクジラ好きだったのかもしれない。クジラのメチル水銀値は高いから。‥医学的には、ヒステリーとか、心因性とかある。」「診察時に針で刺されてもわからないふりをする詐病。他の症状を水俣病に結び付ける傾向もある」「医療費の自己負担が補助される新保健手帳も魅力的なはずで‥カネというバイアスが入った中で調査しても、医学的に何が原因なのかわからない」[注3]

現地の患者団体は皆怒り、原部長の解任を求めた。東京でも、栗原彬立教大前学教授・川田龍平参院議員とともに環境省に行き、原部長を水俣病関係業務から外すよう申し入れた。それらが効いたかは不明だが、後には他の省庁の医務技官に移ったらしい。ニセ患者発言まがいの言説をふるう原部長の采配が続いていたら特措法で救済される人数はもっと減らされていたかもしれない。

5.「水俣病特措法」と第二次決着

「チッソ救済」に重きを置いた特措法の成立

前世紀末、村山内閣による「戦後政治の解決」は、戦争責任をめぐる首相談話・従軍慰安婦への基金・被爆者援護法の制定など多岐にわたり、水俣

注3　朝日新聞西部本社版2009年7月16～17日

病の政府解決（第一次政治決着）もその一環である。前述の通り、それを拒否した関西訴訟が以後の新しい事態を切り拓き、未曾有の潜在患者の存在が明らかになった。しかし、官僚は前例踏襲や微小な予算措置しかしない。問題は多々あるにせよ、政治（国会議員）が動かないと事態が展開しないというのが現実で、第二次決着についても、それを始動させたのは政治であった。

2006（平成18）年、自民・公明の与党PT（水俣病問題プロジェクトチーム）が動き出したのは環境相懇談会提言の後である。熊本県知事や県選出国会議員の要請を受けて対策を協議し始めた。しかしチッソは「村山内閣の時が最終解決だったはず」として再度の解決策に参加することを拒み続けた。事態が展開したのは2009（平成21）年。後藤舜吉チッソ会長と大学同期で、顧問弁護士もしていた杉浦正健衆院議員（元法相）が、「チッソ事業部門の分社化」「チッソと分社に対する税法、会社法、民法上の特例」「将来的な株売却による水俣病負債の返済」を織り込んだ「水俣病特措法」を提唱、チッソもそれなら応じるということになり、いわば加害者の都合を中心に、二度目の患者救済策が、今回は法律案として浮上してきたのである。

国会に議員立法の形で上程された「水俣病被害者の救済及び水俣病問題の解決に関する特別措置法」（以下「特措法」）は、全42条の過半が、「公的支援を受けている関係事業者」（＝チッソ）に対する経済関係法規の特例条項で占められた。患者補償や水俣湾ヘドロ処理の債務で本来なら倒産していたチッソは、第2章の通り、1970年代末から破格の公的資金融資を受けていわば「国管理」のような立場なのに、その会社に事業部門の分社や株式売却を認めるとして、民事再生法や会社更生法にまで特例を設けた。公害地域指定の終了にも言及するなど、早く水俣病問題を終わらせたいというチッソや国の願望がにじみ出ている法案である。

「多数の患者がまだ補償や救済を受けずにいるのに、加害企業が先に救済されるのはおかしい」「子会社の株を売却してチッソが消滅すれば認定患者の補償にも支障が出る」「チッソ免責、指定地域の解除・・水俣病幕引きの法案だ」の声が上がり、不知火患者会、被害者互助会、ほっとはうす有志などが国会にむけて上京し、反対の声を挙げた。参議院環境委員会質問の先頭に立った松野信夫議員（民主）や、共産党・社民党などの反対と棄権はあったが、与党と民主党大多数の賛成で7月8日に参議院で可決、同月15日に施行という異例の速さで法制化された。夏の総選挙で民主党政権に移行する政権交代前夜。衆院は委員会審議なし、参院委員会審議が半日だけで議決されてしまった。

当時の斉藤鉄夫環境大臣（公明）は報道の質問に対し「患者救済だけなら（村山内閣と同様に）法律を作らなくてもできた」と述べている。日弁連は「あえて分社化しなければならない必然性は見出しがたい」と指摘した。＜チッソ救済→免責＞と＜患者救済＞の両にらみという奇妙な法律。以後、それぞれがどう展開したかを見て行こう。

チッソの動向

明けて2010（平成22）年の正月、チッソ後藤舜吉会長は社内報で「紛争その他水俣病の桎梏から解放されることにより、経営は安定し、社員の皆さんのモラールも、少なからず向上するものと期待します」と晴れがましく述べた。患者各団体は憤り、前年に発足したばかりの民主党政権も問題視、後藤会長は環境省に呼び出され注意を受けた。しかし同年中にチッソは「事業再編計画」を提出、形式的な審査だけで特措法の通り「環境大臣による分社の認可」が下り、翌2011年4月には子会社JNC（Japan New Cnissoの頭文字）が事業会社として発足、水俣工場の看板もJNCに掛け替えられた。

第2章に詳述されている通り、水俣病補償やヘドロ処理費用の負債で倒産寸前だったチッソを融資で救ったのは、チッソをつぶせない事情を抱えた国・政府である。「一人を殺せば罪人だが、戦争で敵を多数殺せば英雄」という箴言に似て、「水俣病という未曽有の被害を引き起こした会社が今も存続しているのは、大量の患者補償を続ける看板と窓口が必要とされているから」に他ならない。そのことを、チッソは深く再認識すべきだろう。

事業部門JNCの経済活動は、債務会社チッソから分社したことですでに格段にやりやすくなっているはず。この先、それ以上の優遇（株売却とそれに伴

う以後の免責）は、PPP（汚染者負担原則）にもCSR（企業の社会的責任）にも著しく反する。

事態は予断を許さない。2014（平成26）年には、会社法の改正案（株主の利益を守るため、子会社株売却には株主３分の２の同意を必要と改める）が国会上程された。すると「チッソにはそれを義務付けない」という特例が、これまた議員提案され、法の一部に組み込まれて可決してしまった。

今のところ環境省は「チッソによる子会社JNC株売却を認可する情勢にはない」と言っているが、株売却の認可は環境大臣の専権事項とされており、特措法が存続する限り、株売却認可によるチッソ・JNC免責はいつでも起こり得る。

「チッソの責任が切り離された後、新たな被害が起こったら国が代わりに患者賠償の前面に立つのか」という点も心配だ。議員代表として参議院環境委員会で特措法の立法趣旨の説明に立ち、質問にも答えた園田博之衆院議員（熊本選出／自民）は国が補償の原資を出すかということを問われ「最後の決着の仕方としてはそういうことも可能性としては考えなきゃいけない」[注4]と述べている。しかし、閣僚や副大臣ではなく議員立法提案者としての見解であり、政府としての確約ではない。

司法和解と特措法救済

さて、肝心の被害者救済はどうなったか。

この特措法救済は「能(あた)う限りの救済」を標榜し、＜一時金210万円+月１～２万円程度の通院手当、医療費自己負担分＞を、判定された「水俣病被害者」に出すとした。一時金はチッソ、他の毎月手当は国・熊本県が負担する。これと別に＜医療費補助の手帳のみ＞という選択肢も設け、申請者にはどちらかを選ばせた。むろん、1995年の第一次決着と同様、公健法の認定

注４　2009年７月７日参議院環境委員会／荒井広幸議員質問への答弁。チッソの如何に関わらず、国として患者補償に正面から向き合うべきという点は2005～2006環境相懇談会でも、「国民=納税者にも理解を求め、国庫による補償も考えるべきでは」との議論があった。民主党政権時代、肝炎訴訟で国敗訴の後、国・政府として補償を含む予算措置をしたことも参考になる。

申請や争訟を取り下げることが前提条件である。その結果は「表3-1水俣病患者・被害者数」[注5]の通りである。

第一次決着では司法和解に応じなかった国・環境省だが、今回は「ノーモア・ミナマタ訴訟」の和解も並行させた。そして、裁判所が示す和解案と、環境省が特措法に沿って出した上記「水俣病被害者」への給付は、金額も費目も全く同じだった。また、特措法では出水患者の会に20億円＋福祉事業費9.5億円など、3団体それぞれに「団体加算金」が提示され、司法和解では不知火患者会に29.5億円の訴訟経費（加算金）が示された。和解を図る裁判所と特措法救済を進める政府との不思議な一致が加算金でも見られた。

表3-1　水俣病患者・被害者数

水俣病患者・被害者数

2017年5月31日現在

	熊本県	鹿児島県	新潟県・市	計
■ 公害健康被害補償法　（1969旧法　1974～公健法）				
認定（水俣病である）→補償協定＊	1789	493	705	**2987**
棄却　（水俣病ではない）	約12000	3830	1407	約17500
未処分　カッコは国審査会での審査希望者：内数	1101 (5)	968 (4)	166	2235 (9)
■ 1995-96　第一次政治決着（5ヶ月限定受付）				
判定（260万円+医療手帳）	7992	2361	799	**11152**
保健手帳のみ	842	347	35	1224
非該当	1296	485	113	1894
■ 2010-12　和解・特措法（2年2ヶ月限定受付）				
司法和解（不知火患者会・阿賀野患者会）	2772		171	**2943**
特措法 **「被害者」判定**（210万円＋被害者手帳）	19306	11127	1828	**32261**
特措法 手帳のみ	18307	4416	139	22862
特措法 非該当	5144	4428	110	9682
■ 訴訟等での賠償確定者　1973東京交渉3　1985二次訴訟4　2004関西訴訟54				**61**

＊チッソ、関西勝訴原告6人には補償協定調印拒否

合計		
補償（またはそれに近い一時金）**受給者合計**	A＋B＋C＋D＋E－a	**49398**
手帳（医療費自己負担免除）のみ**受給者合計**	b+d	24086
公健法認定申請中の未処分者	X	2235

注5　「水俣病被害者」の語は、第一次政治決着で不評だった給付対象者の呼称を改良して設けた名称で、「認定患者」に至らない救済対象を指す語として特措法が用いている。ただ、「水俣病（認定）患者」の語と比べて責任追及度が強い語感があるため混乱しかねない。特措法で認められた「被害者」の受給内容は「認定患者」の補償協定より格段に低い。当章の用語では、原則として「患者」を用い、健康被害確認の有無が重要な場合は「潜在患者」「未認定患者」「認定患者」「棄却患者」などと表現する。

特措法成立で第二次決着の大枠が決まってから後は、官僚が調整能力をフルに発揮したのかもしれない。

なお、団体加算金[注6]の配分が裁判ざたになっている団体もあるが、それは水俣病裁判の本筋ではないので言及を省く。

6. 特措法救済の限界と課題

救済から外れた人々の新訴訟や認定申請

約4年間の民主党政権で首相は3人、環境大臣も3人が勤めた。副大臣も含め、特措法の枠内での患者救済には良心的に対応したと見られるが、結局、特措法の受付窓口は、患者の反対を押し切り2年2カ月で締切られた。村山内閣の政府解決が5カ月で締切ったのに比べると受付期間も救済対象人数も約5倍だが、それでも少なからずの人々が積み残され、標榜した「能(あた)う限りの救済」が実現したとは言い難い。

どんな人々が救済に漏れたか。まず、一時金はおろか、医療費自己負担分補助の手帳さえ受けられなかった人が9,000人も出たこと。そして、線引き地域外の住民や、線引き年齢より若い人々。「十分な資料がある場合にはその枠外でも給付判定はあり得る」との弾力措置が施され、そういった人も受給判定されたため、線引き外への汚染の広がりが裏付けられる結果となった。国・県は受給判定者の地域別分布を開示していないが、締め切りに間に合わなかった人や、救済枠から漏れた人を原告とする第二次の「ノーモア・ミナマタ訴訟」（特措法訴訟）が2013年以降、熊本・大阪・東京・新

注6　この「団体加算金」という費目は村山内閣時の第一次決着でも導入されている。昔の米価保証や漁業補償などで活用された方便かもしれないが、対象団体の選定や金額算定の根拠は詳細不明である。そもそも、患者個々人への一時金（村山内閣時は260万円、特措法・司法和解は210万円）に対し加算金の比率が大きすぎないか。この点では、団体加算金の大半を、一時金受給を認められなかった人も含め全会員に補填し「一律400万円」にした村山内閣時の水俣病患者連合（川本輝夫相談役・佐々木清登会長）の明快さが際立つ。団体加算金の額は、特措法和解の進行時に行政が出した文書による（季刊「「水俣支援」53号18p)。

潟で提起され、原告合計数は約1,500人に及んでいる。また、公健法の認定申請者は熊本・鹿児島県の合計で2016年末には2,000人を超え、章の冒頭で指摘した通り、再々度、「水俣病の未認定問題」が政治の課題として浮上しつつある。

「時限受付立法」の限界

特措法救済の受付窓口は既に閉じられた。水俣病認定を行う公健法も、地域指定は政令事項なので改廃は政府の判断次第である。しかし他方、被爆者援護法は恒久的な法律である。原爆による殺傷と放射能汚染があったのは70年以上前だが、放射能が継続的に人体をむしばむことが確認されており、被爆者援護法は時限立法ではないし指定地域解除もあり得ない。「原爆症認定や被爆者認定をいずれ打ち切る」などとなったら、被爆者はもとより国民世論の厳しい非難を浴びることは必至だ。

けれどそれと水俣病はどこが違うのだろうか。足尾鉱毒事件は一世紀をはるかに超えて今も環境汚染から完全には回復していない。メチル水銀が人体に及ぼす害毒にも解明されていないことが多々ある。そして何より、水俣湾から回収され埋め立てられた水銀汚泥の一部は25ppm以上のみで、24ppm以下で回収されなかった水銀汚泥は今も不知火海に取り残されたままである。

環境経済学者の宮本憲一氏は特措法をめぐる論考で、水俣病を「汚染物の排出が止まっても環境に蓄積した水銀が長期にわたって災害を引き起こすストック(蓄積)公害」と定義づけている[注7]。水俣病も、せめて医療費救済については恒久的な法律を検討すべきではないか。

被汚染地域住民に対する広域健康調査の必要性

もう一つ、不知火海の南半分において、対岸の天草諸島や行商ルートで魚が運ばれた陸側の山間部も含めて、広域にわたる住民健康健康調査の必要性を指摘しておきたい。津田敏秀医師が提唱する「食中毒患者の調査・届け出を義務づけた食品衛生法の58条の活用」はメチル水銀の中毒患者をト

注7　しんぶん赤旗2009.7.16

ータルにとらえる方法として有効だが、そのような形で、分母（被汚染者の規模）を把握しなければ対策の立てようがない。後手後手で二度の決着を行いながらなおも汚染被害の底が見えない現状である。

救済や補償の制度を設けて応募を待つという「本人申請主義」では、被害の全体像把握には至らない。住民健康調査を広範に実施することこそ、的確な政策への近道だろう。

実は熊本県が、関西訴訟の判決で熊本県にも賠償責任があると判示された後、不知火沿岸住民に対する広域健康調査を立案している。その人数は、鹿児島県域も含めて47万人。不知火海南半の沿岸住民人口から割り出したものだろうが、現場をよく知る地方自治体が案出したこの調査案と対象人数は注目に値する。環境省の同意が得られず棚上げのままだが、潮谷義子日本社会事業大学理事長（当時の熊本県知事）は、「私には今でも降ろせない提案です」と述べている[注8]。

熊本水俣病公式確認60年に当たる2016年、水俣や新潟の患者・支援25団体は共同で「広範な住民健康調査を行うべきだ」との要請署名を集めた。

3年前に衆参・与野党の国会議員で発足した「水俣病被害者と共に歩む国会議員の会」（辻元清美会長／大島九州男事務局長）に託され、その後、国会に請願署名として提出された。これも同じ視点に立つ切実で具体的な要請である。

7.水俣病像と「1977判断条件」

ここまで、関西訴訟判決で断じられた行政責任問題に端を発し、新たな未認定・未補償患者の登場と、特措法決着に至る流れを概観してきた。しかし実は、関西訴訟判決で判示され、その後も争われ続けている核心的な問題がもう一つある。それは「水俣病とは何か」という病像論、そして「水俣病認定はどのようにあるべきか」という方法論である。

前項までは政策や制度の考察が主だったが、この話は医学から始まる。前

注8　緒方正実『水俣・女島の海に生きる』（世織書房2016）付録

項までが水俣病被害の「量」（人数）に関わる問題で、以下が「質」（健康被害と補償の内容）に関わる問題だとも言える。

「感覚障害だけの水俣病」はある

第１章でも述べられている通り、1977（昭和52）年に環境省が環境保健部長通知として示した「後天性水俣病の判断条件」（以下「判断条件」）は、熊本県や鹿児島県が国の法定受託事務として認定業務（検診～審査～処分）を行う上での基準とされてきた。そこでは、「感覚障害＋運動失調」、「感覚障害＋視野狭窄＋他の関連症状」「感覚障害＋運動失調の疑い＋他の関連症状」という形で、２つか３つの症状が揃うことが水俣病認定の要件とされている。そして多くの認定申請者が、この要件に満たないために「水俣病ではない」との棄却処分を受けた。しかし、複数症状がない人は水俣病ではないのだろうか。感覚障害だけの水俣病もあるのではないか。

この点をめぐって、1991（平成3）年の中央公害審議委員会水俣病小委員会の議事録には、神経内科の専門医・井形昭弘座長の以下のような発言が記されていた。「感覚障害だけの水俣病はある。しかしこれまでそうではないと言ってきたからそのままにして」、判断条件は見直さず、グレーゾーン患者として医療費のみを給付する案が答申されたのである（鎌田学氏の2001年の情報開示請求による）[注9]。

後に述べる2013（平成25）年の溝口訴訟最高裁判決でも「感覚障害だけの水俣病はないという科学的証明はない」と断じられた。「感覚障害だけの水俣病がある」とは今や、医学的にはもとより司法判断としても、定説なのである。

「中枢神経損傷説」が解明したこと

水俣病特有の末梢に強い感覚障害の、責任病巣（びょうそう）（身体のどの部分が侵されたことに由来するか）について、末梢神経の損傷によるとの見方もあったが、浴野成生（えきのしげお）熊大医学部教授・二宮正医師らによる、他の漁村地区との症例比

注９　1991水俣病中央公害審議委員会水俣病部会議事録。日本精神神経学会のHPに所収。

較などを駆使した研究が「水俣病の感覚障害は中枢神経（大脳皮質）の損傷に由来する」ことを証明した。水俣病患者の感覚障害は、時と場合によって症状が一定の変動を示すことがあり、認定審査会では症状の信頼性に欠けるとされてきたが、それも大脳皮質損傷に特有の病態として裏付けられた。これが「中枢神経損傷説」（略称「中枢説」）である[注10]。関西訴訟で弁護団が主張立証したこの「中枢説」は大阪高裁も採用するところとなり、感覚障害や腱反射のとらえ方についても整理がついた。これにより、「感覚障害だけでも水俣病を判断できる」との事実は、裏付けをさらに加えることとなった。

また、浴野医師や阪南中央病院が診断に用いた「二点識別覚検査」も、中枢性感覚障害を把握する有効な方法として判決で採用されたが、公健法による県の認定審査ではこの方法を採用していない。薬害・難病や原爆症などの行政認定では、新たな医学的知見を取り入れて診断の要件や検査方法を拡充することもあるのに、こと水俣病に関しては旧来の基準と方法が40年間そのままである。

「判断条件」批判の判決が累々

「水俣病判断条件」は、1985福岡高裁水俣病二次訴訟確定判決で「厳格に失する」と指弾されたことに始まり、その狭さが裁判所から繰り返し指摘されている。前述の2001関西訴訟大阪高裁判決では、「メチル水銀中毒症」という言葉を使いながらも、上記のように病像と診断方法で新たな医学知見を取り入れ、認定審査で「保留」「棄却」とされた原告のほとんどに賠償を認め、それが最高裁でも追認された。判決後、訴訟団も環境相懇談会も「判断条件の見直し」を求めたが、それに対する環境省のかたくなな対応は先に紹介した通りである。

当時の環境省の言い分は「国賠・民事訴訟の賠償判定と、公健法の認定

注10　浴野医師らのこの研究は、その後 Rareappraisal of disorders in methylmercury poisoning（メチル水銀中毒症患者の体性感覚障害の再評価）として米国医学誌 Neutrotoxicology and Teratorogy（神経中毒学と奇形学）に2005年に掲載された。（2007.1季刊「水俣支援」40号別冊。2017横田憲一『水俣病の病態に迫る』参照）

基準は違う」という所にもあった。それなら、国やチッソに賠償を求める訴訟（国賠・民事訴訟）ではなく、県知事に棄却処分取消や認定を求める訴訟（行政訴訟）においてはどうか。この形の訴訟では認定基準（1979年水俣病判断条件）は、裁判の論点の「本丸」である。以下、行政訴訟の判決文の要点を挙げる。

① 1997 棄却取消訴訟（第一次）熊本地裁・福岡高裁判決

1986熊本地裁判決は、「水俣病判断条件のような各種症候の組み合わせは狭きに失するものというべく、右組み合わせを要件とすれば、・・・疫学的因果関係の存否と有機性のない単科的医学的見解を無機的に集合したに過ぎないような弊害が懸念され」と手厳しい。1997福岡高裁判決は「判断条件に照らしても原告は水俣病」との表現に変わったが、棄却処分の取消し（御手洗鯛右原告の勝訴）は確定した[注11]。

② 2010 関西勝訴原告Fさん棄却取消・認定義務づけ訴訟、大阪地裁判決

「症状の組み合わせがない限り水俣病と認められないとする行政の主張を裏付ける医学的証拠がない」「組み合わせを満たさなくても（病歴や曝露歴を総合し）水俣病と認める余地がある」とした。この訴訟は高裁で患者敗訴のあと2013年4月、最高裁で溝口訴訟勝訴と同日に同じ趣旨で「差戻し」となり、被告の熊本県が控訴を取り下げたので上記の大阪地裁判決が確定した。

③ 2012 故溝口チエさん棄却取消・認定義務づけ（溝口訴訟）福岡高裁判決

「水俣病の判断とは医学知見も含めた全証拠による事実認定である」「判断条件を満たさない症候でも水俣病と認める余地はあるから、判断条件を唯一の基準としたことは適切でなかった」。

注11 2005改定前の行政事件訴訟法は「処分取消」のみだった。以後は「認定義務付け」請求も可となった。

④ 2013.4.16　溝口訴訟の最高裁判決

そして極めつきが溝口訴訟最高裁判決である。判決は、「判断条件にあてはまらない患者でも水俣病と認定できる」「医学症状のみでなく曝露歴や生活歴などの疫学的事実も踏まえて総合判断すべし」。「裁判所は、形式的な認定手続きの整合性だけでなく認定審査内容の当否も判断する」と司法の権限にも踏み込み、症状を裏付ける生前のデータが少ない故・チエさんの水俣病を確定した。

最高裁勝訴の原告溝口秋生さん

1971（昭和46）年、発足したての環境庁は、川本輝夫・佐藤ヤエさんらの行政不服審査請求に応え、その棄却処分を県に差し戻す裁決を下した。そして同時に出した1971年事務次官通知（1977判断条件で狭められる前の患者認定指針[注12]）で、「症状の軽重を考慮する必要はなく、その症候が水質の汚濁（水俣病ではチッソが排出したメチル水銀）に由来するか否かの事実を判断すれば足りる」とした。疫学（曝露歴）の活用も含め、最高裁判決には、この、志があった頃の環境庁事務次官通知と通底する視座がある。

故・川本輝夫さん（1931-1999）

上記3件の行政訴訟は、御手洗さんもFさんも溝口さんも勝訴し患者認定。「水俣病ではない」との棄却処分は3件とも裁判所が破棄した。行政（被告は県知事／裏支えは環境省）から見れば0勝3敗である。そして上記の通り、判断条件への本質的な批判も、多々、判決理由として確定した。

ここまで来たら1977判断条件を改めるべきだろう。百歩譲っても、二次訴訟や関西訴訟の敗訴後のように審議会や懇談会に検討を委ねるならまだ議論

注12「公害に係る健康被害の救済に関する特別措置法の認定について」（川本輝夫『水俣病誌』巻末資料H）

の余地もある。ところが環境省は、判断条件を死守しつつ別の対応に出た。その内容は後に述べる。

8.公健法認定と補償を問う

「患者認定を増やさない」熊本県の行政姿勢

第2章にある通り、チッソ倒産を回避する政府の財政支援措置が1978(昭和53)年に決められて以降、認定患者数を絞り込むことは水俣病行政の至上命題となった。前項で言及した「水俣病判断条件」はその前年に作られたが、以後、認定患者を増やさない「砦」として今日まで続いてる。

しかし、「認定患者を増やさない」姿勢は、認定基準だけでなく熊本県の審査会委員や認定業務の全般に通低していた。

たとえば、緒方正実さんの行政不服審査請求(2006年、県知事の棄却処分を差し戻す判決を得て、翌年県知事が水俣病と認定)を通じては、認定審査の中で、無職患者を「ブラブラ」と差別的に表記したり、症状の存在を「人格」の問題としたり(ニセ患者発言に等しい)、成績証明書を無断使用したりという問題があぶり出された。住民や申請者を「上から目線」で見るのは役所にままある体質だが、それに「認定患者を増やさない」政策が加わって増幅されたものだろう。

また、2013年4月の溝口訴訟の最高裁判決は、前述の通り判断条件を批判して故・チエさんの棄却処分破棄と認定義務付けを確定したが、その訴訟過程でも認定業務の問題が暴かれた。チエさんは認定申請して3年目に亡くなったため、検診を受けることができず、そのような人々(未検診死亡の認定申請者)に対しては、生前のカルテ等の資料を収集して判断すると決められていたが、熊本県はあえてそれをせず、チエさんの死後17年も経って、主治医の医院が廃院になってから形式的な調査をして「カルテがない」として棄却した。意図的に調査を遅らせていたのである。

吉井正澄元水俣市長は環境相懇談会の討議の中で「市長当時、熊本県庁に行くと、患者認定を増やさない雰囲気が満ちていた」旨を述べている。

溝口訴訟最高裁判決後の環境省新通知

そして環境省である。2004年の最高裁判決の晩は環境省内の大会議室で大臣も出てきたが、2013年の最高裁判決の晩は一階の狭い共用会議室で、しかも対応したのは特殊疾病対策室長と環境保健業務課長どまり。大臣や次官はおろか、局長も部長も逃げを決め込んだ。

そして翌2014年、その課長と室長が作った2014環境省環境保健部長通知「公害健康被害の補償等に関する法律に基づく水俣病の認定における総合的検討について」（以下「新部長通知」／環境省HPにあり）がひどかった。建前では「最高裁判決を踏まえ」としながら、他の通知と違ってやたら長いところも異常だし、最高裁判決が求めた「疫学重視」を「疫学条件がよっぽど濃くなければ認定できない」との方向にねじまげている。蒲島郁夫熊本県知事は評価したが泉田裕彦新潟県知事は批判的だった。

溝口最高裁判決の年の秋、下田幸雄さん（妻・綾子さんの妹で胎児性重症患者の田中実子さんを夫婦で介護）の棄却処分を差し戻す不服審査会裁決が出た。熊本県の棄却処分が覆されたのは緒方正実さん裁決以来7年ぶり。これは「公害健康被害補償不服審査会」が最高裁判決を素直に読んで出した裁決だった。しかしその裁決を出した審査長は配転になり、上述の「新通知」も出され、以後、最高裁判決を指針にした不服審査会裁決は出なくなった。

「水俣病は高度な学識と豊富な経験のある医学者でないと判断できない」と言い募ってきた環境省である。いったいどんな文献や資料を参照して「新通知」を出したのか。鈴村多賀志氏（溝口訴訟弁護団事務局）が情報開示請求をした。そこで出てきた「参照文献リスト」には、あっけにとられた。A4版一枚の開示文書に示されていたほとんどが、患者側の資料や論文で、環境省側の見解とは異なることが書かれているものばかり。「判断条件の維持」や「新通知の根拠」となる医学論文など皆無で、「新通知は課長と室長による単なる作文ではないか」との予測が、「文献リスト」で裏付けられた。

溝口訴訟最高裁判決も「水俣病判断条件を直ちに廃すべし」とまで断言はしていない。しかしそれにしても、三権の一つである司法が水俣病認定のあり方に疑義を呈し処分を覆した最高裁の判断を、中級官僚の一片の作文で誤魔化してしまう国行政は恐ろしい。

関西勝訴原告の新たな苦悩、熊本・新潟の認定訴訟

今世紀の水俣病問題において、2004関西訴訟最高裁判決の波及力は大きかった。その意味で、関西訴訟団は未認定患者運動の「中興の祖」とも言えるが、その勝訴原告に苦難が続いている。それはどういうことか。

実は、関西訴訟の勝訴原告に判示された賠償金は、800～400万円である。他方、1973年7月に東京交渉団（認定患者）とチッソで交わされた「協定書」（通称「水俣病補償協定」）の補償一時金は判決を踏襲して、1,800～1,600万円。そして交渉で得た毎月給付金6～2万円（これは物価スライド付きで今は約3倍）もある。医療費も、交通事故と同じで加害者チッソの全額負担である。

公健法の認定患者が生涯に得る補償額を「10」とすれば、関西訴訟と二次訴訟の勝訴原告は医療費を含めても「3～4」、二度の政治決着対象者と和解原告や、医療費の手帳のみ受給者は「2～1」ぐらいだろう。（この比率は、支援者としての推定である。余命によっても違うので、より正確な調査分析は研究者か役所に任せたい）

不知火沿岸やそこからの出郷者が抱えている健康不安・不具合・症状は人それぞれだろう。生活困窮度も、自分の健康被害を水俣病と確認し続けることへの熱意も、当然様々だ。だから救済策エントリー、和解型集団訴訟、最高裁まで続ける訴訟・・・その選択はそれぞれ尊重されていい。

けれど、「自分の水俣病を確認したい」と最高裁まで裁判を続ける原告を支援する立場で言えば、熊本や新潟も関西の新訴訟も含め、この十数人全員を認定し補償協定を適用したところで、すでに膨大なチッソの債務（国の債権）に比べても微小である。

「判断条件」の頑迷な護持や、曝露歴をやみくもに否定するなど、最近の裁判での行政側弁論は常軌を逸している。職務上の思い込みに「忠実」なあまり、患者側の訴訟・運動への気持ちを一層燃え立たせる結果を招いているとしか思えない。チッソ本社前の自主交渉座り込み時代に川本輝夫さんが

ポツンとつぶやいた言葉を思い出す。「おどんが闘争するとじゃなか。向こうがさすっ（させる）とじゃ」。

9.認定〜補償救済がすべてではない

以上、当３章では、今世紀に入ってからの水俣病を、被害確認や救済補償の問題に絞って述べてきた。しかし、患者の闘病や生活上の苦難が生涯続くことは言うまでもなく、患者認定や補償・救済は問題の「入り口」にすぎない。

例えば胎児性・小児性患者とその家族にとって、親たちが高齢化する中でどう生活を維持するか、重症患者の家族の介護負担を減らすことはできないか、等々、補償金のみでは解決しない課題がある。

今世紀に入って、支援者と患者家族により、胎児性患者の授産・デイケアも行う「ほっとはうす」「ほたるの家（水俣病協働センター）」が設立され、さらに近年、胎児性患者が保護者から自立して暮らす住宅（おるげのあ）も作られた。補償金のみでなく、障害者法などによる介護システム、関西判決以降の国県の予算措置などをフルに活用した実践として注目される。また、両者が共同で立ち上げた「はまちどり」は、患者宅への介護サービスの拠点としての役割を果たしている。

医療や福祉の問題、環境回復の問題…水俣にはまだ、克服されねばならない課題は多々ある。しかし患者・支援者や住民の苦闘と実践は、原発事故対応も含め、この国の現在と未来に、多様な教訓をもたらしている。

表3-2　係争中の水俣訴訟

係争中の水俣病訴訟　　2017. 6.30 現在

訴訟名		裁判所	提訴日	請求内容	原告数	原告・弁護士（代表）	被告	訴訟の要点、経過
■国家賠償訴訟／民事訴訟　（水俣病被害の賠償を求める）								
互助会・第二世代訴訟		福岡高裁	2007.10.11	1600万円 重症１人は１億円	８人	佐藤英樹（原告団長） 山口紀洋（弁護団長）	チッソ 国 熊本県	・胎児性小児性世代で初の集団提訴 ・原告は水俣病被害者互助会 ・2014 3地裁判決3人のみ賠償認定
新潟三次訴訟		東京高裁	2007.4.27	1200万円	10人	高島章（弁護団長）	昭和電工 国 新潟県	・新潟未認定患者への補償 ・国、県は第二の水俣病に責任 ・2015.3地裁判決、行政責任を否定
ノーモア第二次訴訟	熊本	熊本地裁	2013.6.20		11次計1312人	園田昭人（弁護団長） 森　正直（原告団長）	チッソ 国 熊本県	・原告は特措法で「非該当」や地域・年齢で外された人など ・和解した不知火患者会の新訴訟 （報道は「特措法訴訟」とも呼称）
ノーモア第二次訴訟	東京	東京地裁	2014.8.12	450万円	4次計67人	尾崎俊之（弁護団長）	チッソ 国 熊本県	・原告は特措法で「非該当」や地域・年齢で外された人など ・和解した不知火患者会の新訴訟 （報道は「特措法訴訟」とも呼称）
ノーモア第二次訴訟	大阪	大坂地裁	2014.9.29		122人	徳井義幸（弁護団長）	チッソ 国 熊本県	・原告は特措法で「非該当」や地域・年齢で外された人など ・和解した不知火患者会の新訴訟 （報道は「特措法訴訟」とも呼称）
ノーモア第二次訴訟	新潟五次訴訟	新潟地裁	2013.12.11	880万円	103人	中村周二（原告団長）	昭和電工 国	・原告は同上 ・四次訴訟（和解）に次ぐ阿賀野患者会の新訴訟
地位確認訴訟		大阪高裁	2014.12.20	協定締結の地位確認	2人	田中泰雄（弁護団）	チッソ	・原告は元関西訴訟勝訴原告。公健法認定を得るもチッソは協定調印拒否 ・遺族が承継・2007.5 原告一審勝訴
特措法一時金請求訴訟（匿名）		東京地裁	2015. 1. 13	440万円	1人	出水出身　埼玉在住男性	国 熊本県 チッソ	・特措法で一時金を認められず。症状悪化で手帳返上し補償請求。
■行政訴訟　（棄却処分取消～認定や、補償給付の義務づけを求める）								
認定訴訟	新潟行政訴訟	東京高裁	2013.12.3	公健法の水俣病認定	９人	高島章（弁護団長）	新潟市	・三次訴訟原告で市審査会で棄却された人についての認定義務付け訴訟 ・06.5原告7人勝、双方控訴。
認定訴訟	互助会・行政訴訟	熊本地裁	2015.10.15	公健法の水俣病認定	７人	佐藤英樹（原告団長） 山口紀洋（弁護士）	熊本県 鹿児島県	・互助会国賠訴訟原告が被告知事への認定義務付けを求める
障害費義務づけ訴訟		最高裁	2014.3.20	公健法障害補償費支給	1人	川上敏行（認定患者原告） 中島光孝（弁護団）	熊本県	・チッソ協定調印拒否→公健法給付を県拒否→提訴→3.30敗訴で控訴→2016.6不支給部分棄却の高裁判決
〃　（行政に政策の転換を求める）								
調査義務づけ訴訟		東京高裁	2015.9.9	住民健康調査の実施	1人	津田敏秀（医師　原告） 山口紀洋（弁護士）	国 熊本県 鹿児島県	・食品衛生法に基づき沿岸住民への食中毒調査の義務づけを求める→2016.12原告敗訴。17.7.12 高裁判決

第Ⅱ部　未来への波及

第4章

水銀条約と水俣の課題

中地 重晴

1.はじめに

2013年10月10日熊本市で、水銀規制に関する水俣条約[注1]が締結された。2017年3月末現在、128の国とEUが調印し、50か国による批准後、90日後に発効することになっていた。2017年5月、アメリカ合衆国や日本など52か国が批准したため、8月16日に発効することが決まった。国際的な慣例に従えば、締結会議の開催地名をとって、熊本条約となるはずが、事前に、水俣条約と名付けることが外交交渉で決められていた。水俣病被害者への補償が不十分であり、水俣病問題が未解決な現状で、水俣条約と冠することに、国際的なNGOや水俣病の被害者団体等から疑問や批判が投げかけられ、国際的に水銀条約と呼ぶ人もいる。

2.水銀条約の経過と概要

UNEP（国連環境計画）は2002年に実施した世界水銀アセスメントの結果、「先進国では水銀の使用量は削減されているが、大気中に排出される水銀は増加傾向にある。開発途上国では小規模金採掘などで水銀が使用されている。大気や水に放出された水銀は、低濃度曝露でも、食物を通し

注1 水銀に外務省関する水俣条約（仮訳文） http://www.mofa.go.jp/mofaj/files/000016594.pdf

て人体に入ると、神経の発達障害、不妊、心臓病などの原因となる。クジラや魚類など野生生物に蓄積していて、環境リスクが高い。」と判断し、国際的な水銀使用の規制が必要であると結論付けた。

2003年から、水銀規制の必要性についての検討を開始した。2007年にはアドホック公開作業グループでの検討の結果、水銀の一次生産の禁止、水銀の輸出禁止、2020年までに水銀使用量、環境への排出量の大幅削減などを行うことが合意された。2009年2月のUNEP管理理事会で、2013年を目処に法的拘束力のある文書の作成が決定され、政府間交渉（INC）を5回開催し、2012年2月のUNEP管理理事会で、条約案が承認された。

2013年10月に、熊本、水俣で開催された「水銀規制に関する水俣条約外交会議」には、約140の国と地域、政府関係者やNGOなど約千名が参加し、熊本で調印式が行われた。

今回締結された水銀条約[注2]の内容は、「①新たな水銀鉱山の開発禁止。②塩素アルカリ工程での使用を期限内に廃止。③輸出入は締約国間の同意を条件に許可された用途以外は認めない。④9分野の水銀添加製品を期限内に廃止。⑤小規模金採掘に伴う水銀の使用、排出削減に努力。⑥大気・水・土壌への排出削減。⑦汚染サイトの特定と評価、リスク削減。⑧条約規制の推進と順守を管理する国際委員会（事務局）の設置。⑨締約国は国内法を整備、国内実施計画を作成し、規制強化に努める。」など多岐にわたっている。水銀条約は35の条文と5つの付属書に取りまとめられた。

2020年を目処に期限を決め、段階的に廃止、輸出入が禁止される水銀添加製品としては、電池、スイッチ・リレー、電球型蛍光灯、蛍光灯、水銀灯、せっけん・化粧品、殺虫剤・殺生物剤、血圧計、体温計（温度計）

注2 水銀規制に関する水俣条約は、前文に日本政府の求めで「水俣病の教訓」という文言が入れられたが、水俣病患者に対する補償が不十分であることから、水俣病患者に敬意を表すとともに、抗議の意を込めて、国際NGOは、水銀条約と呼んでいる。筆者も同意見であり、本稿では水銀条約と記す。

などである。

INCでは、オブザーバーとして、国際的な環境NGOであるIPENや、Zero Mercury Working Groupが参加し、強い法的規制と途上国への猶予規定・除外規定の削除、被害未然防止のための「汚染者負担原則」の確立などを求める活動を実施した。条約としては最大公約数として合意され、国際NGOが主張した水銀の輸出禁止や汚染者負担の原則などが盛り込まれず、内容的に不十分なところもある。

3. 日本の水銀使用の現状とマテリアルフロー

2000年代に入って、UNEPでの水銀規制の動きに合わせて、先進国において水銀の工業的使用の削減など法規制が検討された。2008年秋に水銀の輸出禁止、長期保管を行う法律をEU、アメリカが採択したのに比べ、水俣病を経験した大規模な水銀被害の経験国、日本では水銀条約を先取りするような規制については検討されてこなかった。水銀条約の締結を契機に、日本の法制度が整備され、条約を先取りする取組みが始められているが、詳細は後述する。

日本政府はUNEP水銀プログラムに合わせて、2006年12月から有害金属対策策定基礎調査専門検討会を発足させ、調査検討してきただけである。この背景には、水俣病を教訓化させ、水銀の使用削減を行ってきたため、欧米で稼動している塩素アルカリ工程などは1980年代に、産業界が自主的に使用を中止し、国内での水銀による環境汚染のリスクが小さいということが理由のようである。

前述した検討会では、2002年の世界水銀アセスメントで、日本の水銀排出量が約100トンと推計されたことに対して、過大評価であると考えられたので、日本国内で水銀がどこでどのように使用されているのか、物質収支がわかるマテリアルフローと、排出量と排出先（排出インベントリー）を推計する調査を実施し、公表した。

最新の2010年ベース[注3]のマテリアルフローでは、①石炭や鉱石等の原燃料等に含まれている水銀量が約85トン、②輸出等により国外へ移動する量が約75トン、③環境への排出量が18～23トン、④最終処分量が11～24トンとなっている。②と③と④の合計104～122トンが、排出・移動量に相当するが、原燃料中等に含まれる水銀量約85トンより20～50%多いので、水銀の出所をきちんと押さえ、マテリアルフローを完成させることが、課題である。

何故、マテリアルフローの推計の精度が上がらないかという点に関しては、石炭や鉱石等に不純物として含まれる水銀量に変動が大きいことが考えられる。また、排出量や移動量の推計に関して、PRTR制度に基づく事業者からの2010年度のPRTR届出排出量は812kg、届出移動量は8.0トン、届出外排出量が992kgであり、全体像を把握できていないことにある。

PRTRデータで把握されている排出量は約2トン弱であり、廃棄物としての移動量も、届出移動量としてはマテリアルフローの検討結果の半分程度しか把握されていない。マテリアルフローの検討結果とPRTRデータが大きく乖離していることがわかる。

過去に、東京都の清掃工場で排ガス中の水銀濃度が上昇し、管理濃度を上回ったとして、原因究明と対策のために、長期間操業停止した例がある。このことは水銀の排出は間欠的で把握が難しいことを示している。

水銀条約の発効で、加盟国では水銀のマテリアルフローを作成することになるが、途上国に対して、推計方法の手本を示せるようさらに精度をあげる必要がある。

日本では非鉄金属精錬、石炭火力発電などで、鉱石や石炭の不純物として随伴する水銀を環境中に排出しないよう汚泥等から回収しているが、その回収量は年間36トン程度にのぼる。また、蛍光灯やボタン電池など一般廃棄物等から回収した機器は北海道のイトムカという水銀鉱山のあっ

注3　環境省総合環境政策局環境保健部環境安全課：水銀に関するマテリアルフローの検討結果
http://www.env.go.jp/press/file_view.php?serial=21803&hou_id=16475

た場所で回収されている。その回収量は年間15トン程度になり、合計すると金属水銀としての回収量は約50トンになる。

一方、水銀製品への使用量は極力減らしており、たとえば蛍光灯に封入される水銀量は、この20年で6分の1程度に減少している。体温計や棒温度計等は電子センサー式等に代替化されてきた。歯科の虫歯治療用の水銀アマルガムの使用量も減っており、血圧計だけが測定精度がよいとされ、製造、使用が続いている。2010年ベースでは、製品への使用量は年間8トンと見積もられている。

今までは、回収水銀から国内使用量を差し引いた余剰水銀は海外に輸出してきた。水銀の輸出量は、財務省貿易統計によると、直近の数年では、年間100～250トンにのぼる。UNEP水銀プログラムの進捗に伴い、水銀の輸出禁止が現実化しそうになったので、余剰水銀の処理を急いだのか、輸出量が一時的に増加した。輸出先の多くは途上国であるが、欧米では、すでに使用が制限されているので、商社を通じて、再度途上国向けに輸出していると想像される。これらの途上国に輸出された水銀は、水銀製品の製造に使用するか、あるいは小規模金採掘に使用され、UNEPが指摘している環境中への水銀排出量に寄与していると考えられる。水銀条約の目的である人為的な水銀の環境への排出量を削減するためには、水銀輸出を止めることが近道であることがわかる。

締結された水銀条約では、水銀輸出の禁止まで踏み込んでいない。しかし、日本政府は水銀条約に対応するために制定した水銀の環境汚染防止に関する法律（略称　水銀新法）と外為法の政令を改正し、金採掘用途の水銀の輸出を禁止した。今後、輸出できなくなった余剰水銀の国内での長期保管、処分が課題になる。

4.水銀含有製品の回収と廃棄処分時の課題

日本政府は水銀条約に対応するため、2015年6月に、水銀による環境汚染防止に係る法律（水銀新法）を新設するとともに、大気汚染防止法を

改正した。その中で、日本の国内的な課題として、製造が禁止される水銀含有製品やその他の製品における課題について述べる。

今回締結された水銀条約の付属書Aでは、2020年までに製造が禁止される水銀添加製品として、「①電池（水銀含有が2%未満の酸化亜鉛銀ボタン電池、及び水銀含有が2%未満の空気亜鉛ボタン電池を除く）、②スイッチ及び継電器(リレー)（特定の精度を要求される測定器に使用されるスイッチ及び継電器で水銀含有量が最大20mgのものを除く）、③電球当り5mgを超える水銀を含む30W以下の一般的な照明用コンパクト形蛍光ランプ(CFLs)、④一般的な照明用の直管蛍光ランプ(LFLs）で、5mgを超える水銀を含む60W未満の3波長型蛍光体を使用したもの、及び 10mgを超える水銀を含む40W以下のカルシウムハロ蛍光体を使用したもの、⑤一般的な照明用の高圧水銀蒸気ランプ(HPMV)、⑥電子ディスプレー用の冷陰極蛍光ランプ（CCFL）及び外部電極蛍光ランプ（EEFL）で、3.5mgを超える水銀を含み長さが500mm以下のもの、及び5mgを超える水銀を含み長さが500mm ～ 1,500mmのもの、または13mgを超える水銀を含み長さが1,500mm以上のもの、⑦ 1ppmを超える水銀含有の肌美白製品を含む化粧品。水銀を保存剤として使用する場合において、効果的で安全な代替品が利用可能でないときは、目の周囲の化粧品は含まない、⑧駆除剤、殺生物剤及び局所消毒剤、⑨非電気式の計測器。気圧計、湿度計、圧力計、温度計、血圧計で、水銀を含まない適当な代替品が利用可能でない場合の大規模な装置につけられたもの又は高精密度の測定に使用されるものは除く。」の9種類の製品であると規定されている。

2020年までに、製造が禁止されるものの中には、⑦水銀含有化粧品や⑧殺菌剤として使用されていた農薬など、日本ではかなり以前から製造使用されていないものもあるが、現在も一般的に日常生活で使用されているか、あるいは使用されなくなって死蔵されているものもある。今後、日常生活で使用していたものを廃棄、回収する必要が出てくる。

まず、一般的に使用されている蛍光管・蛍光灯であるが、1970年代では、電球1本当たり30 ～ 50mgの水銀が水銀蒸気として封入されていた。年々、封入量を削減する技術開発がおこなわれ、1990年ごろには20mg、2000年ごろには10mg程度に削減された。現在(2010年)では、6.5mg程度にまで、削減されているとのことである。水銀含有量の多い蛍光灯の場合、水銀新法では、水銀条約を前倒しし、2018年から製造禁止されるが、業界としては既に対応済みであると言われている。しかし、LED照明の廉価化で、蛍光管・蛍光灯とLED照明の費用を比較できるところまで普及してきた。

初期に開発されたLED素子には、ガリウムヒ素が使用され、廃棄時の安全性が問題視されていたが、現在ではヒ素を含有しないLED素子が使用されているので、初期費用は高いが、長寿命で、使用電力も少ないLED照明を普及させるべきである。

2002年度には白熱電球が1億2千万個、電球型蛍光ランプが1,700万個出荷されていたが、2008年度から電球型LEDランプが製造されるようになり、2012年度には、白熱電球が3,000万個、電球型蛍光ランプが2,300万個、電球型LEDランプ2,500万個出荷されるまでになり、LED照明の普及は促進されてきているとのこと[注4]。早晩、LED照明が蛍光灯にとって代わる時期がやってくるようだ。

問題は、蛍光管・蛍光灯の廃棄回収及び処分である。すでに、日本国内で、多くの自治体が家庭ごみとして蛍光管を回収しているが、仮に、10年前の蛍光管はほとんど寿命が尽きていると思うが、1個あたり10mgの水銀が含有していたので、1万本の蛍光管に含まれる水銀量は100gにしかならない。大量の蛍光管からの水銀回収には、輸送コストや加熱分離処理など多額の費用がかかることを念頭に置かないといけない。

血圧計1本に含まれる水銀量が50g、体温計1本に含まれる水銀量が1gと言われており、蛍光管の回収努力よりも、血圧計や体温計の回収努力を行った方が、水銀回収の費用対効果を容易にあげることができる。

とはいえ、環境中への水銀排出量を削減するためには、今後、日本全

注4　2014年1月17日開催「水銀に関する水俣条約への対応を考える」講演会(廃棄物資源循環学会)資料集

国にある蛍光管・蛍光灯の回収、安全な廃棄処分は必要であり、その体制を作ることが必要とされる。事業所内の蛍光灯は、産業廃棄物として廃棄し、水銀回収業者に引き渡すことを義務付けることは容易だが、家庭内の蛍光灯については、各自治体に処理責任が課せられているので、現在でも不燃ごみや資源ごみ、有害ごみなど収集方法が不統一である。蛍光管から水銀を回収せず、不燃ごみとして収集し、埋め立ている自治体も多い。今後、どのように蛍光管からの水銀回収を進めていくのか、処理費用を自治体が負担するのか、排出者に負担させるのかが課題である。

すでに、約70%の自治体で蛍光管の分別回収が行われているが、家庭内の蛍光管・蛍光灯が自治体の指示通り廃棄、回収されているのか、実効性に問題がある。

一方、ノートパソコンの普及で、2005年頃までは、ノートパソコン等の液晶ディスプレーのバックライトとして、水銀含有蛍光ランプの生産量が増加していたが、製造者が自主的にLEDランプに切り替えたために、現在では、使用量は大幅に減少している。

今後社会問題化するものとして、体温計や血圧計の廃棄処分や回収問題がある。数年前、東京23区一部事務組合の清掃工場で排ガス中の水銀濃度が上昇し、自己規制値の排ガス中0.05mg／Nm^3を超える水銀濃度が検出され、焼却炉を緊急停止する事態が度々起きた。2010年度足立区や板橋区など5件、2011年度3件、2012年度2件と、一度緊急停止すると復旧に時間がかかり、都の清掃事業に影響を及ぼした。一般廃棄物（事業系一般廃棄物も含む）として家庭から収集された廃棄物中に水銀含有製品が含まれていて、一時的に水銀濃度を上昇させたと考えられる。家庭から排出された物として、体温計や血圧計などの混入が疑われたが、原因は特定されず、そのままになっている。

それで、東京都では、東京都医師会に働きかけ、2011年9月に診療所あてに血圧計や体温計の使用実態に関するアンケートを実施した。約1万か所の診療所のうち、4,163か所から回答が寄せられた。水銀体温計は1診療所あたり10.4本保有し、使用率は16.3%。水銀血圧計は1診療所あたり3.4本保有し、使用率は79.0%と、依然として使用されていることがわかった。また、水銀血圧計を使用していないと回答した265診療所で、522本の水銀血圧計が保有されていることもわかった。

調査結果をもとに、東京都医師会で、地区医師会に働きかけ、共同で血圧計、体温計を回収し、有害廃棄物として処分することが行われた。2012年9月には1,241医療機関から、水銀体温計4,378本と水銀血圧計2,592本、及び金属水銀3.6kgが回収された。2013年9月には、624医療機関から、水銀体温計が2,002本、水銀体温計が1,555本、金属水銀が3.5kg回収されたとのことである。各医療機関で退蔵されていた水銀の回収に、大きな成果があがったと評価された。

特別管理産業廃棄物として、1医療機関が処理を委託しようとすると、水銀体温計1本でも、収集トラック1台分の配車料と人件費を徴収され、処理費用が高額（数万円以上）になるが、医師会として集団回収すれば、処理費用もかなり割安になる。この取り組みは、不用となった体温計、血圧計の回収を促進するものとして期待された。

しかし、焼却炉の停止を経験した東京都だから、協力者も多かっただけで、他の地域では、同様の事故が起きておらず、追随する医師会、自治体が、しばらく現れていなかったが、ようやく、京都等で実施するところがでてきた。

医師の中には、水銀血圧計の方が電子式よりも精度よく測定できるという考えのものが多く、滞りなく、全医療機関で、電子式血圧計に切り変わっていくかは、見通せない。

家庭に退蔵された水銀含有製品がどれほどあるかの調査は少ない。筆者が代表をしている有害化学物質削減ネットワークで、生協組合員を対象にアンケート調査[注5]を実施したところ、31.2%の人が水銀体温計を持っていると答えた。以前持っていた人は36.2%と8割近い家庭で、水銀体温計が使われていた。いまだに3割の家庭が保有しており、これをどのよう

注5　有害化学物質削減ネットワーク、家庭内の水銀および有害化学物質含有製品アンケート調査報告報告書、2017年3月

に効率よくするのかが課題である。環境省は自治体向けに回収を促している。有害廃棄物として分別回収する自治体も出てきたが、太閤秀吉の刀狩ではないが、期間を決めて集中的に回収するなどの工夫が必要だといえる。

市中保有量として、医療機関を対象にした調査では、2011年度環境研究総合推進費補助金研究事業結果報告書「水銀などの有害金属の循環利用における適正管理に関する研究」において、全国の約9万1,000か所の病院で、1施設当たり体温計が50.5本、約10万か所の診療所で1施設当たり、10.9本、合計37万1千本、血圧計が1病院当たり10.4本、1診療所あたり3.7本合計39万5千本と推計されている。体温計を保有しているところは20～30%だが、血圧計を保有している施設は87%と高率で、今後これらの水銀含有製品をどう回収していくのかが課題となる。医療機関の水銀保有量は体温計の中に278kg、血圧計の中に19トン、歯科アマルガムとして5トン保有されていると推計されており、日本国内の保有量としては、結構な量である。

一方で、水銀血圧計に関しては、集中治療室などで死に近い状態の患者の低い血圧を測定するには、電子式では難しく、従来の血圧計のほうがよいとする意見をもつ医師が多いので、水銀体温計の生産は中止されているが、水銀血圧計は現在も生産量が少なくなったが、生産は継続されている。また、地震や台風などで長期に停電した場合、電子式血圧計や、体温計が使えない場合もあり、電気を使用せずに測定する水銀血圧計や水銀体温計の使用、備蓄は、災害医療では必要であるという意見もあり、どのように社会的に合意形成するのか、課題である。

今回の水銀条約では、2020年までに製造が禁止されず、段階的に使用量を削減する製品の代表例としては、歯科アマルガムがある。開発途上国では虫歯治療のために必要だと考えられており、今回の水銀条約では、締約国は国内事情や国際的なガイダンスを考慮して、9項目の可能性ある選択肢の中から2項目以上の措置を選択して、実施することになった。締約国が選択すべき措置とは、①詰め物の必要性を最小にするための防止プログラムを確立すること、②コスト効果があり、臨床的に有効な水銀を使用しない代替を促進すること、③水銀アマルガムが水銀を使用しない代替物より有利な保険プログラムにさせないこと、④アマルガム使用をカプセル収納形状に制限することなどがある。日本では、水銀条約締結後、厚生労働省が歯科医院に通達を出し、虫歯治療用のアマルガムの使用をやめるように指導した。ほとんどの歯科医院では、治療には使用していないと言われているが、前述したように約35%の歯科医院で水銀アマルガムを保有しており、保有量は5トンと結構な量である。今後、どのように回収するのか仕組みづくりが必要である。

一方、今回の水銀条約から除外される製品には、保存剤としてのチメロサールを含むワクチンや、マスカラ及びその他の目周辺用化粧品などがある。ワクチンの保存剤としてチメロサールを使用し続けるのがよいのか、医師や国際NGOから批判的な意見が多く出されており、日本だけでも先行して使用を制限することを検討するべきである。

5.水銀の輸出禁止と永久保管

前述したように、日本では、非鉄金属精錬等での回収や、蛍光灯・電池などの廃棄物からの回収などで、年間100トン程度の余剰水銀が発生しており、途上国等に水銀を輸出している。今回の条約では、「水銀の輸出は、適正な保有目的や締約国が認めた場合に限り、輸入同意書をとった上で認める。」と、水銀輸出を全面的に禁止するのではなく、使用目的が明確であれば、水銀の輸出を認められている。

EU、アメリカが、2008年に水銀の工業的使用と水銀輸出を禁止する法律を制定したことから出遅れた日本は、水銀新法で、金採掘目的の輸出を禁止するとともに、水銀化合物の輸出も禁止した。EUとアメリカでは、2010年以降、法規制に応じて水銀の輸出は大幅に減少したが、逆に水銀化合物の輸出量が増加した。開発途上国で、水銀化合物として輸入し、金属水銀に再生して、金採掘に使用するということが合法的に行われていることが推測されている。水銀の使用を削減するという目的達成のために、

水銀化合物の輸出を制限する日本の対応は大いに評価されるが、輸出できない余剰水銀は日本国内で長期保管せざるを得なくなる。そのため、半永久的な水銀保管のための方法や場所を検討する必要性に迫られている。

金属水銀は常温では液体であるが、温度変化に伴い、膨張と伸縮を繰り返す。年間回収される水銀量は約100トンと多いように思うが、比重が約13.5と大きいことから、体積にすれば、約10㎥程度にしかならない。それほど、大きなスペースをとる必要はないが、半永久的に保管しようとすれば、保管するための容器をどのようなものにするのか、極力温度変化のない場所に設置し、耐久性のある保管容器に入れて、貯蔵することになる。地震国、日本列島の中に、数百年単位で安定な地層は存在しないと言っても過言ではない。

それで、現在、比較的安定な硫化水銀にして、固体で処理することが検討されている。永久保管することになれば、管理費用が発生するため、廃棄物として処分することが検討されている。現行の廃棄物処理法の特別管理産業廃棄物に該当しない有害廃棄物として処分することが検討されているが、硫化水銀にするための技術は確立されていない。

仮に、回収した水銀を硫化水銀にして最終処分するという処理方法と処分先が決まったとしても、水銀の流出がないかどうか、汚染の有無のモニタリングは半永久的に継続していかねばならない。誰が管理するのか、その方法等課題がある。

原子力発電所から出る高レベル廃棄物の貯蔵場所が決定しないのと同様に、水銀の長期保管を引き受ける場所が簡単に決まるとは思えない。イトムカ鉱山での保管が有望視されているが、日本は水俣病を経験した国なので、反対運動がおこる可能性もあると考えられる。

さらに、厄介なことに、水銀の長期保管を実施する費用負担を誰がするのか、現在、非鉄精錬や廃棄物などから回収し、余剰水銀を輸出することで、回収努力の費用を賄っている現状から、長期間管理費用をねん出することは、経済原理から難しい。事業者に管理費用を押しつければ、回収努力を放棄し、環境中への排出量が増大するという逆効果をもたらす可能性もある。

事業者の水銀回収努力をどのように維持するのか、水銀廃棄物として最終処分することで解決するのかは大きな課題といえる。

6.環境への排出削減と排ガス規制

付属書Dでは、水銀及び水銀化合物の大気への排出に係る特定可能な発生源として、石炭火力発電所、産業用石炭燃焼ボイラー、非鉄金属製造に用いられる製錬及びばい焼の工程、廃棄物の焼却設備、セメントクリンカーの製造設備があげられている。2015年に大気汚染防止法が改正され、水銀条約で指定された5業種に対し、排出基準が設定された。

前述したように廃棄物の焼却の排ガス濃度は変動が激しく、年1、2回の排ガス測定で、排出基準を順守しているといえるのか問題である。また、日本の排出インベントリーでは、鉄鋼業からの排出が大きいが、水銀条約で指定されていないために、特定業種として、事業者の自主的取組みによって、排出量を制限していくこととされた。大気汚染防止法の強化で、環境中に排出される水銀が削減されるのかどうかは、不明である。

7.水銀汚染サイトとしての水俣湾埋立地問題

水銀は元素なので、化学形態が変化しても、消滅することはなく、存在し続ける。3.11福島第一原発事故で環境中に放出された放射性物質とは大きく異なっている点である。チッソの操業に伴って、戦前から不知火海に排出された水銀は、底質に蓄積された。一部は、生物濃縮と食物連鎖によって、魚介類に蓄積され、遅くとも1950年代前半には水俣病を引き起こした。1956年の公式確認から12年後の1968年まで、チッソがアセトアルデヒド工程の操業を継続したことが水俣病被害を拡大させた。水俣湾等の水銀汚染への対応は後手に回った感がある。

1968年に、国が水俣病の原因をチッソの工場排水であると認定後、

1970年の公害国会で公害関連法規が制定された。同年、熊本県は熊本大学に対し、水俣湾のヘドロ処理計画の検討を依頼した。1972年に熊大はヘドロ浚渫時の拡散防止工法が見つからず、有効な対策がないと、熊本県に報告した。

1973年第一次訴訟の勝訴判決後、熊本県は国に対応を相談し、1974年、環境庁長官、運輸大臣、熊本県知事による汚染処理基本計画が合意され、水俣湾公害防止事業を、水俣湾内のヘドロを浚渫し、埋立地を造成する港湾整備事業として、実施することが決まった。熊本県が建設省第4港湾局に事業を委託し、計画委員会、技術検討委員会が設置され、工法、工事計画の検討が開始された。同年、熊本県公害対策審議会で総水銀25ppmを暫定基準値とし、それを超える水銀含有ヘドロを浚渫対象とすることが決定された。

一方、水俣病被害拡大防止のための汚染魚対策として、熊本県は、1974年1月に、不知火海と水俣湾に仕切り網を張り、水俣湾内の魚介類の捕獲を禁止した。また、漁業補償の意味合いで、地元漁協に水俣湾内の汚染魚を捕獲させ、ドラム缶に詰めて、廃棄する事業を行っており、埋立地造成の際に、このドラム缶も埋め立て処分することにした。

1977年10月、熊本県が事業主体となって水俣湾に堆積した高濃度の水銀を含むヘドロを処理する公害防止事業を開始し、1990年3月に、14年間の歳月と485億円をかけた土木工事が終了した。その後、埋立地とその周辺では、エコパークと呼ばれる公園に整地され、水俣市資料館などの公共施設とグランド、道の駅「まつぼっくり」、竹林公園などの施設が整備された。

水俣湾の埋立て工事に関しては、工事開始前には、浚渫に伴う水銀の拡散、不知火海への水銀汚染の拡大が懸念された。川本輝夫さんらが原告となり、工事差し止め仮処分申請を行ったこともあり、工事関係者の細心の注意で、鋼矢板（こうやいた）と砂で封じ込める工事が行われた。1977年から工事が開始され、途中差し止め訴訟で、中断されたが、1990年に完成した。水俣湾内、290ヘクタールに広がった暫定基準値を超えるヘドロ約150万立方メートルを浚渫し、湾内最奥部に58ヘクタールの埋立地（港湾施設）が造成された。

1972年頃工法検討時に、底質中に存在する水銀の化学形態は硫化水銀であるとされた。その後、浚渫され、封じこめられた水銀ヘドロは硫化水銀のままであると考えられるが、依然として、埋立地内に水銀が高濃度含有していることには変わりない。

埋立地の造成は、恒久対策のように言われているが、スチールパイル工法と呼ばれる鋼矢板とセメントで作られた護岸は、50年の耐用年数で設計された。熊本県の調査では、護岸の状態がよいとされているが、海水で腐食、老朽化し、遅くとも30年後には、再度護岸工事を実施して、健全性を保たないといけない。浚渫された水銀ヘドロを、半永久的に管理し続けていく必要がある。

熊本県は2008年から水俣湾公害防止事業埋立地耐震及び老朽化対策検討委員会を設置して、護岸の老朽化対策と2011年東日本大震災を受けて、大規模地震に対する耐震性などの検討を行った。2015年2月に検討結果を取りまとめたが、現時点では、健全性に問題なく、20年後に委員会を開催して検討すればよいという結論を出している。

埋立地の健全性に関しては、遮水構造が損なわれるからとボーリング等の調査がなされていないので、詳細は不明である。浚渫したヘドロ中の水銀は硫化水銀の形態で存在し、安定であるといわれているが、化学形態については確認されていない。東南海トラフによる大規模地震等で、津波による護岸の破損や、液状化により水銀が埋立地表面に出てくる可能性もあり、再度、環境を汚染する可能性は十分考えられる。熊本地震を受けて、再度安全性を検討すべきであるが、熊本県には、その動きはない。

水銀条約の第12条に、汚染サイト（水銀で汚染された場所）の管理に関する条文がある。その内容は、水銀で汚染された場所を特定し、評価し、リスク管理の優先順位を決定し、管理する。汚染の拡散の可能性があり、必要があれば、汚染除去などの修復を行う。そのための戦略の策定及び活動の実施を義務付けている。

日本政府は、土壌汚染対策法や水質汚濁防止法等で、水銀による汚染対策は実施しているという立場で、新たに汚染サイトに関する措置を講じる必要はないとの説明を繰り返している。筆者は水俣湾埋立地を汚染サイトとして、そのリスクを評価し、管理する必要性があると考えている。

なぜなら、水俣湾埋立地に高濃度の水銀が埋め立て続けられる以上、次の世代に、負の遺産として、代々継承していかなければいけないものである。同様に、現在チッソの自社内の産業廃棄物最終処分場として管理されている八幡（はちまん）残渣プールにも、高濃度の水銀を含有したカーバイド残渣などの廃棄物が埋め立てられている。こちらも水銀が不知火海に流出しないように、最終処分場として、維持管理していかなければいけない。やっかいなことは、八幡残渣プールの護岸と管理用道路は10年前に水俣市に寄贈された。現在水俣市に管理責任があり、熊本地震でひび割れが拡大するなど、老朽化して修理の必要性が生じている。水俣市は南九州自動車道の建設現場から出る建設残土の処分先として、この護岸の沖に幅600m、奥行き80mの埋立地を造成する計画を作成し、環境アセスメントを実施している。

地震や津波で八幡残渣プールが被害を受けないのか、液状化しないのか等、きちんと評価していかなければならない。水俣湾埋立地エコパーク同様、数十年おきに護岸の補修を行わないといけない。半永久的な管理を必要とされている。

そういう意味では、水俣湾埋立地や八幡残渣プールの管理という大きな負債を私たちは次の世代に残したと言わざるを得ない。

汚染サイトをどう管理するかという件に関して、筆者は埋立地から水銀を回収し、永久保管することを提案してきた。40年前には、技術が開発されておらず、水俣湾公害防止事業の検討会では検討されなかったが、現在、土壌汚染対策法で活用されている土壌汚染修復工法がある。たとえば、水銀汚染土壌を350～650℃程度に加熱し、還元気化させたり、水洗浄処理して、清浄土と水銀とを分離する技術が開発されている。そうした土壌汚染対策技術を活用して、金属水銀として回収することが技術的に可能になっている。すなわち、水俣湾埋立地に封じ込められた水銀による将来的な環境リスクを減少させるために、埋め立てられた浚渫土砂を掘り起こし、水銀を回収することも技術的には可能になっている。現在実施されている工法による処理費用を用いて概算すると、1トン当たり5万円の処理コストがかかったとしても、150万㎥で、750億円程度ですむ。埋立事業に485億円かけたことと比較しても、恒久対策として、金額的に実施できない工事ではない。ただ、処理後の清浄土をどこに持っていくのか、エコパークに埋め戻すのか、あるいは他所に持ち出し、もとの水俣湾に戻すのかは、水俣市民の意見を聞き、合意を取り付ける必要がある。

8.健康リスク削減のための摂食制限

国は、1974年に水俣湾の漁獲禁止を実施する際に、魚介類の暫定基準値として0.4ppmと定め、基準を超える魚介類の摂取を禁じた。熊本県の調査では、チッソがアセトアルデヒドの製造を中止した1968年ごろまでは、水俣湾の魚介類中の水銀濃度は1ppmを超えていた。仕切り網の設置、汚染魚の捕獲、水銀ヘドロの浚渫工事の実施によって、魚介類の汚染レベルは減少していたが、浚渫工事がほぼ完了した1989年では、16種類の魚種が0.4ppmを超えていた。

1997年に、3年連続で暫定基準値を下回ったことから、熊本県は安全宣言をしたが、現在はカサゴとササノハベラの2種類の魚種しか、継続してモニタリングしていない。暫定基準値を下回っているとはいえ、魚が、水銀で汚染され続けていることには違いがない。

魚介類の水銀汚染は、水俣湾や不知火海だけではない。環境中に排出される水銀量が多くなり、微生物の働きによって、無機水銀が有機水銀に変化し、魚介類に、生物濃縮と食物連鎖で、魚介類に蓄積されていく。食物連鎖の上位に位置する、たくさんの餌を摂取する大型魚やイルカやクジラなど哺乳類の水銀含有量は高い。国や自治体が実施した日本国内で捕獲された魚介類の調査では、マグロやキンメダイなどいくつかの魚種で、国

の暫定基準値を超えている。北欧やインド洋などの島嶼部で、魚しか食べない人々の疫学調査で、神経障害等が確認されるようになった。この事実は、今回水銀条約を締結するための重要な理由である。

1976年に、WHO（世界保健機関）が、メチル水銀による健康障害の発症基準値として、毛髪中で50ppmを示した。水俣病の発症例から、体内水銀残存量を考慮して決められたといわれている。それを受けて、政府は成人の魚介類暫定摂取基準値として、メチル水銀0.3ppm、総水銀0.4ppmを定めた。その後、イラクの水銀農薬中毒事件や、ニュージランド、カナダの研究結果などが蓄積され、1988年にWHOなどが作るIPCS（国際化学物質安全性計画）では、胎児が成人よりも水銀の影響を受けやすいことから、「妊娠中の女性の毛髪中の水銀濃度が20ppm以下であっても、あるいは10ppm以下であっても、胎児に影響が表れる可能性がある」として、世界の研究者に検討を呼びかけた。メチル水銀の耐容週間摂取量として、1.6μg／kg／週とされた。体重50kgの人が、1週間に摂取しても健康に影響のない量として、メチル水銀80μg（0.08mg）の摂取しか許されない。2003年には、農水省が妊婦の摂取の目安として、魚種を指定して、食べてもよい量を示した。キンメダイだと、1週間に1回80gまでしか食べてはいけないと警告している。食品安全基準の考え方からすれば、0.1ppm程度に基準を引き下げる必要がある。

日本人の魚離れが進んでいるが、魚介類中の水銀濃度が減少しない以上、摂取には注意する必要があるレベルであることを知っておくべきである。長期的には、水銀の環境中への排出量を減少させ、魚介類への蓄積を減少させるしか、方策はないことを強調しておきたい。

9.さいごに

水銀規制に関する国際条約の課題、特に汚染サイトとしても水俣湾埋立地について述べてきたが、条約名に水俣の名前を冠する大前提として水俣病問題を解決するのが、日本政府の使命であると考えている。日本政府は条約前文に「水俣病の教訓」を入れることにこだわったが、水俣病公式確認から60年を経ても水俣病被害者への補償ができていないことを真摯に反省しなければいけないと思う。

さらに、余剰水銀の輸出禁止、長期保管体制づくりなどの国内課題を解決してこそ、初めて、水俣条約と名乗る資格があるといえる。それが水銀規制に関する国際条約の締結会議のホスト国日本の課題だといえる。

第5章

カナダ水保病事件の現在
世界に潜在する水俣病患者救済のために

森下　直紀

1. 世界に潜在する水銀被害

水俣病が公式確認されてから60年以上になるが、現在でも水俣病の全容は完全には解明されていない。他方で、2013年に熊本市及び水俣市で開催された水俣条約の外交会議において、「水銀に関する水俣条約」（水銀条約）が採択され 2017年8月16日に発効した。水銀条約の前文では、水俣病を重要な教訓とし、同様の事件を防ぐため、水銀を適切に管理することを求めている。水俣病は、水銀の環境汚染による健康被害の代表的なものであるが、この条約が成立する背景には、現在でも世界中で水銀の健康被害が潜在しているからに他ならない。そして、水俣病事件研究で明らかにされてきたように、こうした公害被害は社会的な弱者に集中する。水俣条約前文では、発展途上国の女性や児童、そして伝統的な食品の汚染による先住民社会への破壊的影響について、とりわけ憂慮を示している (UNEP 2013)。

過去、日本以外の地域でも、水銀による健康被害の事例が多数発生していた。保存用の穀物種子にカビがつかないように水銀処理が一般におこなわれていたが、この種子を直接パンにして食べたり、家畜に与えた後にその卵や肉を食べたりすることによる健康被害が、1950年代以降各地で頻発するようになる（原田正純 1995)。また、北欧や北米などの製紙工場や漂白剤を生産する苛性ソーダ工場や金採掘に伴う水銀排出などが確認されている。

日本とカナダで発生した水俣病は、工場から大量に排出された水銀が生態系を介して食餌となる魚を有毒化させたことに共通の原因がある。本稿では、カナダ水俣病事件の歴史を概観しながら、水俣病／Minamata Diseaseに関わる私達の課題を検討したい。

2.カナダ水俣病の諸課題

2017年2月18日の熊本県熊本市および水俣市(19日)、東京都町田市(22日）の日程で、水俣病公式確認60周年シンポジウムが開催された。この一連の企画は、2016年9月に開催が予定されていたが、九州地方を襲った2016年4月の震災の影響により延期されていた。アナシナベ先住民のグラッシー・ナローズ（Grassy Narrows first Nation、以下GNと表記）を代表して、首長のサイモン・フォビスター氏とルーシー・フォビスター氏、ヴァバシムーン（Wabaseemoong Independent Nations、以下WMと表記）

写5-1　和光大学ポプリホール鶴川（町田市）で開催されたシンポジウムの様子。左からサイモン・フォビスター氏、ルーシー・フォビスター氏、マーヴィン・リー・マクドナルド氏

を代表して、マーヴィン・リー・マクドナルド氏、そして支援者のソア・

アトキンヘッド氏の４人が、カナダからシンポジウムに参加した。

日本とカナダのこうした交流は、1975年からはじまった。日本の水俣病事件研究者や医師などがカナダを訪れるのは1975年以来7回、またカナダから日本への訪問は6回目を数え、継続的な交流が続いている。また、2014年のカナダ調査時に、概ね2年毎に日本とカナダを交互に訪問

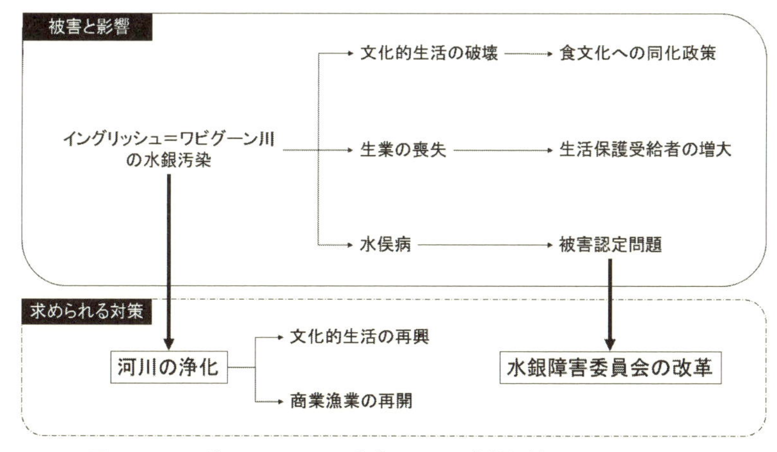

図5-1：イングリッシュ＝ワビグーン川の水銀汚染によるアナシナベ先住民の被害と対策

する約束がなされた。今回の日本訪問は、この取り決め後の最初の相互交流となった。

シンポジウムでは、アニシナベたちのコミュニティについて、それぞれの立場からの報告があった。その中で、水銀汚染事件に関する彼らの現状については、以下の２点に問題が集約できる。

①汚染されたイングリッシュ＝ワビグーン水系の残存水銀の除去

②水銀被害の補償制度の改革

2017年2月に訪日する直前、オンタリオ州政府は、水銀で汚染された河川の対策を実行すると宣言した。河川の浄化は汚染が判明した1970年以降度々議論されてきたが、実行に移されたことはなかった。(CBC 2017)。この宣言に同席したGNのサイモン・フォビスター首長は、コミ

ュニティにとって重要な一歩として、州政府の判断を歓迎していた。州政府は同時に、汚染源となったドライデンの製紙工場周辺の「完全な水銀汚染評価」を実行中と表明していたが、ジョン・ラッドらの科学者グループによる調査で、汚染源となったドライデンの工場から水銀の汚染が継続していることが報告された（Toronto Star 2017)。こうした状況の中、汚染された河川を浄化する道筋はまだ明確ではない。

また、水銀の影響による健康被害の補償については、1986年に設立された水銀障害委員会が、健康被害の認定業務をおこなっている。しかし、申請者の約4分の1しか認定されない状況が続いている。2014年の日本からの調査団の中間報告が、2016年9月にGNとWM、としてトロントでおこなわれた。この報告では、両コミュニティの若者を含む90%以上のアニシナベたちに水俣病の症状があることが示されていた（Hanada et al, 2016)。この報告内容について、主要メディアは大きく報じた（Toronto Star 2016)。この影響から、オンタリオ州政府は水銀障害委員会の改革と、住民の健康調査を開始するとしている(Canadian Press 2017)。

このように、カナダにおいても水銀の汚染問題は現在進行中の事件である。イングリッシュ＝ワビグーン川の水銀汚染の被害と影響は、図5-1で示したように要約できる。水銀汚染による被害によって、アニシナベたちは文化的、経済的、身体的被害を受けてきた。これらの問題に対処するため、GNとWMの首長たちは、河川の水銀汚染への対処と、正当な補償の履行を求めてきた。河川を浄化し、かつてと同様の文化的生活と経済的自立を取り戻すことが、アニシナベたちの目的である。

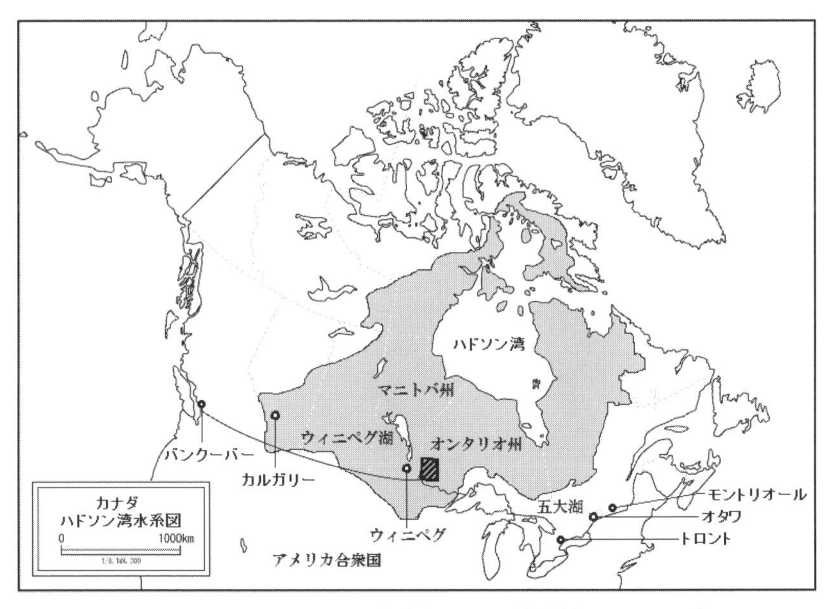

図5-2：水銀による健康被害が確認された地域（森下 2017: 178）

3.アナシナベ先住民の伝統的生活の変化

アニシナベの人たちは、彼らの住む土地がカナダと呼ばれる以前から、広大なハドソン湾水系のゆっくりとした豊かな水をたたえる無数の湖の中で生活を営んできた。厳密には、イングリッシュ川という河川なのだが、日本人の感覚からすると川とは到底思えぬほど、多くの湖が連なっているという印象を持つ。

1867年にカナダが成立し、間もなくウィニペグ湖の上流域に住むアニシナベたちは、Treaty No.3と呼ばれる条約に署名（1873年）し、約14万平方キロにおよび土地を、一時金の支給、保留地、狩猟および漁業権と引き換えにカナダ連邦政府に譲渡したとされている（Vecsey 1987：289）。しかし、カナダ連邦政府による条約文書以外にも、様々に異なる文面や口承による条約内容が伝えられている。アニシナベたちは、その土地を明け

渡したのではなく、白人移住者たちと共有したものとしており、彼らの伝統的な生活に必要なものを利用する権利があるとしている（Orui 2009）。この土地とその利用をめぐる議論は、現在でも先住民の権利回復運動において大きな争点となっているが、その一方で条約締結以後、アニシナベた

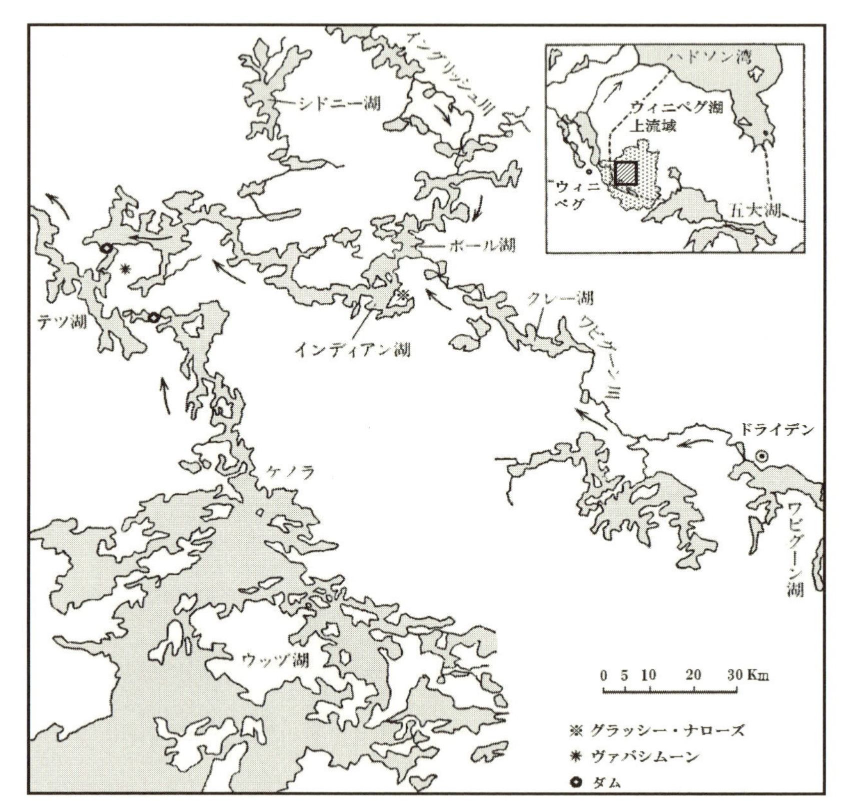

図5-3：イングリッシュ＝ワビグーン水系（原田・赤木・藤野 1976：6を元に筆者加筆・修正）

ちはカナダ連邦政府による度重なる同化政策の被害を受けてきた。

1920年代の鉄道の建設によって水銀汚染問題や他の公害問題を後に引き起こすことになる林業、パルプ産業、鉱業がこの地にやってきた。鉄道によるモノと人の移動の拡大は、アニシナベたちが免疫を持たない伝染病をこの地に呼び込むことになった。伝染病は、家族単位で保留地の外に住み狩猟活動をしていたオジブエたちにより大きな被害を与えることになり狩猟文化を脅かした(Vecsey 1987：289)。

1920年代から60年代にかけて、子どもたちを親元から離れたレジデンシャル・スクールと呼ばれる寄宿学校に強制的に連れて行き、カソリック神父による教育を受けさせた (Orui 2009)。レジデンシャル・スクールでは、アニシナベ語を話すことは厳罰の対象となった。文字を持たないアニシナベたちへの文化的破壊の威力は計り知れない。

それでも第二次世界大戦終結の頃までは経済的な自立を保っていたと考えられている。土地の譲渡に関する条約以後も野生動物、魚、ワイルド・ライス、ブルーベリーの採集が保留地外でもかつてと同様におこなわれていたからである。しかし、1947年にオンタリオ州政府が漁業、その後他の採集品目についても免許制を導入し、この免許をアニシナベ以外にも発行するようになった。このことによってオジブエたちはTreaty No.3に基づく彼らの権利が侵害されたと考えている(Vecsey 1987：290)。

同時期、この地域に観光ロッジがいくつも建設され、アニシナベたちは、彼らの卓越した狩猟技術によってフィッシング・ガイドとして雇われた。ガイドやロッジでの雇用は、後に水銀被害の影響でロッジの経営が打撃を受ける1970年頃まで、アニシナベたちの大きな現金収入の柱となっていった。

4.水銀汚染の発見

1969年以降カナダの多くの河川や湖から高濃度の水銀を含む魚が次々と見つかった。1970年から数年間、カナダ政府は魚の漁獲禁止措置を取り、汚染源を調べた。その結果、塩素を生産する苛性ソーダ工場が、汚染源として浮かび上がった。当時のカナダでは、年間約130トンの水銀が使用されていたが、その3分の2がこれらの工場で使用され、その大半が環境中に放出されたものと推定された。他にも、イラクやアメリカ合衆国

において大きな問題となった種子消毒に用いられた水銀化合物や、小規模な金および銀採掘における水銀の使用、家電および工業製品における水銀の使用、そして日本の水俣病事件の元となったプラチック工場からの水銀排出が考慮されたが、重要な排出源ではないとみなされた（Bligh 1970: 5-6）。

カナダ連邦食品医薬品局（The Food and Drug Directorate）は、食品医薬品法（Food and Drug Act）に基づいて、魚介類に含まれる水銀濃度の上限を0.5ppm（mg Hg/Kg）に定め、それ以上を含む魚介類の流通を禁止した。これは、スウェーデンやドイツの当時の基準の半分の数値であった。カナダから輸出される魚にもこの基準が適用され、基準を超えた魚は焼却処分され、人はもちろん家畜や野生動物に与えることも禁止された。その結果、対応策が開始されてから数ヶ月間の間に500トン以上の魚が処分された（Bligh and Armstrong 1971: 2）。

カナダでは1969年に約130トンの水銀が使用され、そのうちの3分の2は苛性ソーダ工場で使用された。これらのプラントでは、塩化ナトリウムを電気分解し塩素と水酸化ナトリウムを製造する際に水銀を電極として用いた。カナダではこの種のプラントが当時14存在していた。この製法では、1トンの塩素の製造毎に、約150gの水銀が失われたと推定されている。また、こうしたプラントでは、日産100トン以上の塩素の生産が一般的であり、したがって、これらのソーダ・プラントから年間約5.5トン以上の水銀が消費され、その大半は環境中に放出されたものとみられている。1970年6月の連邦議会での答弁で、連邦水産森林相のジャック・デイヴィス（Jack Davis）は、漁業法（Fisheries Act）に基づきカナダ国内の水銀を用いる全ての工場の排水のモニタリングが地方政府により開始されていることを明らかにした。そして、「水銀値の高い地域の漁業を禁止し、漁師に補償をおこなう。河床に水銀が含まれる地域を特定して浚渫の調整をおこなっている」と答弁をおこなった。

1970年以降の大規模調査によって、ウィニペグ湖の上流域に存在するすべての水系が調査され（図5-3右上）、オジブエたちの住むイングリッシュ川および同河川に接続するワビグーン川の汚染が確認された。また、汚染源は、ワビグーン川の上流にあるドライデンの製紙工業に用いる漂白剤用の塩素を製造していたドライデン化学社であることが判明していた。このイングリッシュ＝ワビグーン水系の水銀汚染に関して、先住民コミュニティの多年にわたる要請にもかかわらず、水銀を除去するための浚渫工事は未だ実施されていない。

また、酢酸フェニル水銀などの有機水銀製剤は、製紙工程において微生物の繁殖によって形成される粘着層（スライム）を除去するための殺菌剤として、製紙工業分野で広く用いられてきた。1960年代以降、カナダを含む多くの国で食品包装に水銀含有紙を用いることを禁止する規制が広まり、その影響からこれらの製剤の使用は中止されつつあったが1970年1月時点では、6つの製紙工場で有機水銀製剤が使用されていることが確認された。その結果、有機水銀製剤の使用を禁止する行政指導が1970年におこなわれた[注1]。

以上がカナダにおける水銀問題の発見の概略である。水銀の汚染が公式に確認されてからわずか一年の間に、汚染被害の影響範囲、汚染源の特定、そして汚染の拡大防止の為の措置が取られた。

注1 水産森林相ジャック・ディヴィスの連邦議会答弁。連邦議会議事録、1970年10月15日、第28期議会第3セッション、163頁。

5. カナダ水俣病の発生

イングリッシュ＝ワビグーン水系に流出した水銀の健康への影響について、1970年6月に連邦議会において質疑がおこなわれている。デイヴィス水産森林相は、人体への水銀汚染の測定方法を問われた際、日本の事例と比べカナダで発見された魚に含まれる水銀レベルは低く、「カナダにおける（水銀）レベルは安全レベルと認識している」と答弁をおこなった[注2]。しかし、一般的なカナダに住む人々とアニシナベたちの魚の消費量は著しく異なっていた。1970年11月2日の連邦議会では、ネスビット（W. B. Nesbitt）議員による質疑と、デイヴィス水産森林相の答弁がおこなわれている。

ネスビット

オンタリオ水資源員会（Ontario Water Resources Commission）により、ドライデン化学（Dryden Chemical Limited）からの水銀汚染の影響でハドソン湾から数百マイル離れたイングリッシュ＝ワビグーン水系の魚類が影響を受けているとの報告がなされた。この危機的状況において、連邦政府はオンタリオ州およびマニトバ州の関係部局と協議を開始しているのでしょうか。また、当該地域において魚に代わる主食を持たない先住民の健康を守るため、どのような対策が取られているのでしょうか。

デイヴィス

私たち（水産森林省）はオンタリオ州およびマニトバ州と継続的に協議をおこなっている。先住民を含む漁業者に関しては、我々はすべての漁獲された魚について、水銀を含むと含まざるにかかわらず購入し、また禁漁とされた湖への融資をおこなっている[注3]。

注2 水産森林相ジャック・ディヴィスの連邦議会答弁。連邦議会議事録、1970年11月2日、第28期議会第3セッション、779頁。

注3 連邦議会議事録、1970年11月2日、第28期議会第3セッション、779頁。

上記の質疑に見られるように、カナダでの水銀の汚染問題が判明した当初から、魚を主食とする先住民への健康被害が連邦レベルにおいても議論されてきた。カナダの先住民が、日本の水俣病患者となった人々と同様に魚を多食することはよく知られていたためである。一日700gの魚を食べる者も珍しくはなかった（Shephard 1976: 470）。そして、連邦政府及びオンタリオ州政府は、1970年にすでに水銀暴露の人体への影響について以下の報告を受けている。

一日あたり1～2 mgのメチル水銀暴露によって、人体への影響が確認される。このような水銀暴露は、一日あたり200gの5～10ppmの水銀を含有する魚を消費することで引き起こされる。水銀の人体からの排出は糞便によるものが大半で、尿や毛髪から排出される分は比較的少量にとどまる。また、胎児は水銀を蓄積しやすく、母親に影響が見られない場合においても先天的な水銀による影響がみられる。メチル水銀による人体への影響としては以下の症状が見られる。重篤な感覚障害、口及び鼻の感覚障害、視野狭窄、聴覚障害、構音障害、筋協調の不全、ヒステリー・病的興奮、弛緩性麻痺(flaccid paralysis)、昏睡(死に至る)（Bligh1970: 3）

しかし、上記の議会でのやり取りからも分かるように、主食としての魚が汚染されたにも関わらず、その対応は漁業補償にとどまっている点が、この問題に対する連邦政府の不十分な対策を示している。当初対応にあたったのが水産森林省であることからも分かるように、連邦政府はこの水銀汚染の問題を漁業問題として捉えていた。アニシナベたちに対しても、十分とは言えないまでも商業漁業の禁止措置に対する補償金や漁業所得を失った漁業従事者に対して融資（汚染企業の過失が認められれば返済しなくてもよい）や、漁場や獲物の変更を促す奨励金などが支出されてきた。この点において、カナダ政府の対応は日本のそれとは大きく異なっていた。

連邦政府が禁止したのは商業漁業のみで、観光漁業いわゆるスポーツ・フィッシングは禁止されなかった。釣りという行為を単純に楽しみ、キャッチ・アンド・リリースするのであれば、もちろん水銀は問題になら

ない。この地域の大きな産業の柱である観光ロッジへの影響を最小限にしたいという思惑もあったのかもしれない。しかし、美味しいとされる魚を釣っておいて、わざわざ川に還す人物は、魚が嫌いなのに違いない。ロッジの経営者たちは、水銀汚染の実態を誤魔化すためにアナシナベたちガイドに、率先して釣った魚を食べるように要求していた。

この実態について、連邦政府はかなり初期から把握していたことは明らかである。1973年にまとめられた連邦厚生省の先住民への水銀被害についての最終報告書において、1970年にWMの住民から最大385ppbという血中水銀値が記録されている（Bernstein 1973）。

連邦政府は、1973年4月に先住民たちの健康被害を調査するための特別委員会を設置した。そして同年5月に、GNとWMに水銀による健康被害が発生していることを公式に認めた。この委員会は、GNやWMを含む他の先住民コミュニティの血中水銀値及び毛髪水銀値を計測し、被害状況の確認をおこなった。その結果、この委員会はWMに住む少なくとも11人とGNの7人が、健康に危害を及ぼす水準（憂慮水準100ppb）以上の水銀で汚染されていることを確認した。200ppbを超える値が数名、最高で289ppbであった。5月末時点で高い値を示した住民はウィニペグ総合病院において診察がおこなわれたが、水銀による健康被害は確認されなかったという。従来連邦政府が公表する身体への水銀汚染のデータは、血中水銀濃度および毛髪水銀濃度であった。2016年訪問時にGNで入手したデータによれば、カナダ政府は1970年から臍帯に含まれる水銀の値を、充分な同意無しに測定していたことが明らかとなった。しかしこれまでアニシナベたちの健康被害を示すデータとして用いてこなかった。

6.公害の「対応策」としての同化政策

1975年9月22日、連邦政府は厚生省、環境省および先住民省の協同で取り組む対応策を発表した。1975年時点で、連邦政府は、工場から排出された無機水銀が水底の堆積層に含まれるバクテリアの働きによって有機水銀に変換され、さらにこの有機水銀が水系の食物連鎖に組み込まれ、魚の体内組織の中に蓄積されることによって健康への脅威が高まることを突き止めていた。したがって、魚や魚を捕食する動物が、高濃度の水銀で汚染されていること、およびそれらを採集し食餌とする先住民にも水銀の被害が及んでいることを突き止めていた（Government of Canada 1975: 1-2）。

アニシナベたちの健康被害に対する連邦政府の対応策は、(1) 汚染魚を食べないように、その危険性についての教育キャンペーンをおこなうこと、(2) 各保留地に代替食品を提供すること、(3)「安全」とされる魚を、各保留地の共同冷蔵庫に提供すること、であった。連邦政府による対応策の決定を受けて、1976年に汚染魚に替わる代替食品について専門委員会において検討がおこなわれている。この委員会の代替食品プログラムは、「単に地域で漁獲される魚の欠如によるタンパク質の減少を補完するのみならず、代替食品は完全に魚食に替わるものであること」（Nutrition Committee 1976: 2）という方針を打ち出していたことから、先住民社会の伝統的な生活文化の破壊は必至であった。

GNとWMでは、伝統的に夏季にウォールアイなどの淡水魚、カモメなどの野鳥の卵、陸上の野生動物を食し、冬季は、冬になる前に収穫し保存食としておいた魚を食べ、保存食が尽きれば、厚く氷が張った川に穴を開けアイス・フィッシングにより魚を得て食していた。専門委員会では代替食品を供給するための前提として、GNとWMの魚の消費量についての調査をおこなった。実際に実行された対策は「安全」とされた魚をオンタリオ州当局がリザーブ内に設置した魚専用の冷蔵庫に運びこむだけであった (Toronto Star 1975)。しかし、冷蔵庫の運び込まれた冷凍魚を食べるものはあまりいなかったようだ。味が異なることが理由として挙げられるが、伝統的にGNやWMのオジブエたちは、夏に比べ冬季はあまり魚を食べない。冬季にこの冷蔵庫からよく魚を持ちだして食するものには、周囲から「冷凍庫男」という名前がつけられたのだという（まくどなるど・磯貝 2004: 130-6）。要するに、政府の代替食品プログラムのほとんど唯一の

対策とも言える冷蔵庫も対策としての効果を上げていなかったようだ。

水銀の汚染が発見される以前には、生活保護の受給者はほとんどいなかったとされるが、汚染以後は仕事を持つものがごく一部という状況になった（スミス 1975: 29）。水銀によるこの地域の汚染が明らかになるまでGNのオジブエたちの主な仕事は、シカゴの裕福層を主な顧客とした観光ロッジでのフィッシング・ガイドであった。汚染発覚後、ロッジが閉鎖され、また水俣病の恐ろしさを自覚して自ら辞職の道を選んだりする住民が現れた。日本から水俣病の患者たちが、オジブエたちを訪れた際に持ち込まれた土本典昭監督の医学映画『医学としての水俣病・三部作』の「資料・証言」と『患者さんの世界』が上映された。この映画を観て、ガイドの仕事を辞める決心がついたものも多い。観光ロッジの白人経営者たちは水銀の有毒性をごまかすため、観光客の目の前で釣った魚を率先して食べることをガイドに強要していたからである。水銀汚染が判明する以前も以後もフィッシング・ガイドを仕事にしているオジブエたちやその家族の魚食量が、他の住民よりも高かったのはこの理由による（スミス 1975: 30）。カナダCBCの報道によれば、GNおよびWMは約200人の労働者が存在していたが、水銀汚染の影響により104人の商業漁業および観光ロッジのガイドが失業したという (CBC 1974)。

連邦政府による、健康被害や経済的被害に対する「対応策」は、アニシナベたちの伝統的生活を否定する同化政策の一つと言っても過言ではない状況を生み出すことになった。連邦政府や地方政府による型通りの対策が、アニシナベたちの歴史的、社会的状況を反映せず適応されてきたことは明らかである。

7. 水俣病に関わる私達の課題

1973年の連邦政府による被害調査は、水銀による健康被害を認めなかった。連邦政府の水銀問題に対する初期のスタンスは、汚染源となっている工場への指導および汚染された魚を食べないようにするということであった。これらの対策は、不完全であるとともに被害を未然に防ぐという点からいえば遅すぎる対策であった。1975年頃から、水銀による健康被害が次々と報告されることになる。その先駆けとなったのは、すでに長年水銀被害と向き合ってきた日本の研究者たちによるGNとWMにおける現地調査であった。

写真5-2：2017年2月20日に、遠見の家（水俣）で入手。1975年の日本からの訪問団とともに、原因企業のドライデン製紙の前で撮影。サイモン・フォビスターとルーシー・フォビスターの家族も含まれている。

1973年12月に、水俣病の実態を世界に発信していたスミス夫妻のもとに、GNに程近いところで観光ロッジを経営していたバーニー・ラムから手紙が届く。アイリーン・スミスからの連絡を受け、1975年3月に宇井純や宮本憲一らを中心として世界環境調査団が現地に入り調査をおこなった結果、水俣病と類似の症状が見つかった。同年7月、トミー・キージックら先住民運動のリーダーを含めた5人のGNとWMの代表者、バーニィ・ラム、GNで医療活動をおこなっていたニューベリー医師らが水俣・新潟などを訪問し患者と交流した。さらに、同年8月と9月に原田正純を

中心とする健康調査および社会的調査が二度に渡り実施された。9月の訪問では、浜本二徳を含む水俣病患者3名も参加した（花田・井上 2012: 21-2)。現在にいたるまでの、水俣病を介した交流のはじまりであった。

8.偏在する水銀汚染と潜在水俣病

今日カナダ水俣病として知られる水銀汚染の問題以外にも、1970年以降に、GNやWM以外の地域でもカナダの様々な水域において、魚の水銀汚染が確認されている。イングリッシュ＝ワビグーン川が注ぐウィニペグ湖に西側から注ぐサスカチュワン川からも水銀を高濃度含有する魚が確認されている。その他、五大湖のエリー湖やスペリオル湖、そしてハドソン湾でも汚染が確認されている。残念ながら、これらの水域における被害の現状については、詳しい追跡調査がおこなわれていない。そして、それはカナダのみの状況ではなく、これまでに水銀汚染が確認されたブラジルやイタリヤやインドネシアやインドなどはもちろん、現在でも小規模金採掘などで、環境中に水銀が放出され続けている多くの地域において、水銀汚染とその被害が偏在しているものと思われる。将来的には、人為的、非人為的に関わらず、水銀汚染が健康被害に結びつく環境的条件を検討しなければならない。

また、日本は、世界でも最も先進的な水銀による健康被害の探求、すなわち水俣病の病像解明を続けてきた。一般に、水俣病は、河川や海洋中の生態濃縮の結果によりメチル水銀が高い濃度で含まれる生物を食餌として摂取し、または、胎児の母親が大量に摂取することによって、胎児や出生後におこる病のことである。この内、水俣病事件として扱われる公害事件としての「水俣病」は、産業活動が直接的または間接的原因となって、メチル水銀が環境中に大量に存在するようになったことに起因する水俣病の発生を対象とするものである。水俣市の協立クリニックの医師、高岡滋の「水俣病診断総論」では、この狭義の水俣病について、以下のように定義している。

> 本総論での水俣病とは、「企業が排出した工場廃液に含まれる有機水銀によって汚染された魚介類を摂取することによって生じたことが個人レベルで診断しうる健康障害」と定義する。(高岡 2016: 11、傍点筆者)

「水俣病診断総論」の定義する「水俣病」は、「工場廃液に含まれる有機水銀」に起因して最終的に生じる健康障害を指す。無機水銀が排出されたとされるカナダ水俣病の事例において、「水俣病」を定義することができないことになる。宇井純がするどく見抜いたように、「水俣病」の科学は裁判での立証をその目的の一つに持っていた。

> 1960年ころは、水俣病の因果関係すら一時は企業側の反論のために迷宮入りした時期であり、その当時の熊本大の医師たちが、できるだけ水俣病を限定的にとらえ、反論の余地のない症例だけを記述しようとするのもある程度やむを得ないことであったろう。しかしその結果が、少なくとも視野狭窄、運動失調、知覚障害の三つが同一患者にそろわなければ水俣病をいえないという概念を作りあげ、さらにその論文が国際的に引用されることを通じて、固定した水俣病の概念が世界中に広まってしまった。(宇井 1975: 69)

1986年に発足した、GNとWMのアニシナベたちの水銀による健康被害を補償するために発足した水銀障害委員会はこのような日本の状況を反映して、「水俣病」ではないが水銀による身体への被害影響が見られるという複雑な状況判断に基づいている。しかし、近年この委員会の改革が議論されている。2016年9月、カナダ連邦政府、オンタリオ州政府、GNとWMの代表によって構成される水銀作業部会(Mercury Working Group)との会議の場に、私たちは出席を求められた。その際、日本のこれまでの水俣病の臨床研究について、高岡医師より情報提供がなされた。現在議論されている水銀障害委員会の改革に活かされることを望みたい。

さらに、世界に偏在する水銀汚染による身体影響を適切に診断するために、水俣病の病像が解明されていくことが望ましい。水銀による身体への影響は、その水銀が無機水銀であるか有機水銀であるかによって異な

り、また、直接暴露によるか生態系を介した間接暴露によるかで異なる。さらに、身体が成熟する以前の暴露と以後の暴露でも異なるという。水銀によって汚染された魚介類を食餌として摂取した場合においても、長期微量暴露の身体影響についてはなお未解明の部分がある。日本とカナダにおける多年の臨床研究を総合し、水俣病／Minamata Diseaseの全容を解明することは、私達の重要な課題である。

参考文献

Bernstein, AD, 1973, "Final Report, Task Force on Organic Mercury in the Environment: Grassy Narrows and White Dog, Ontario," Ottawa: Health and Welfare Canada.

Bligh, E. G. 19

0 Mercury Contamination in Fish Winnipeg: Annual Institute for Public Health Inspectors Winnipeg: Fisheries Research Board of Canada, Freshwater Institute.

Bligh, E.G. and Armstrong, F.A.J., 1971, Marine Mercury Pollution in Canada, Fisheries Research Board of Canada.

Canadian Press, 2017, "Ontario to do more Mercury Tests at Grassy Narrows," released on February 13, 2017.

CBC, Canadian Broadcasting Corporation, 1974, "A Clear and Present Danger," Broadcast on the CBC-AM network on November 6, 1974.

CBC, Canadian Broadcasting Corporation, 2017, "Ontario Commits to Cleanup of Mercury Contamination near Grassy Narrows First Nation," released on February 13, 2017.

Government of Canada, 1975, Federal Measures to Deal with Mercury Contamination," reported to the House of Commons and Senate.

花田昌宣，井上ゆかり，2012，「カナダ先住民の水俣病を受難の社会史」，『社会運動』，382：17-24.

Hanada, Masanori; Shimoji, Akitomo; Nakachi, Shigeharu, et al., 2016, "2014 Report on Research Results for Minamata Disease in First Nations Groups in Canada (Preliminary

Report)," Journal of Minamata Studies, 7: 19-34.

原田正純，1995，『水俣病と世界の水銀汚染』，東京：実教出版.

原田正純，赤木健利，藤野糺，1976，「疫学的・臨床学的調査」，『公害研究』，5(3)：5-18.

まくどなるど，あん，磯貝浩，2004，『カナダの元祖・森人たち（オジブワ・ファースト・ネーションズ）：グラシイ・ナロウズとホワイドドッグの先住民』清水弘文堂書房.

森下直紀，2017，「千の湖に生きるひとびと：水をめぐるオジブエたちの半世紀」，『異貌の同時代：人類・学・の外へ』，東京：以文社，173-208.

Nutrition Committee, 1976, "Interim Report of the Committee on Nutritional Alternatives to Fish: Whitedog Reserve; Grassy Narrows Reserve," in the collection of the Mercury Collection at the Harvard University.

Orui, Tadashi, 2009, The Scars of Mercury, Winnipeg: Sou International Ltd.

高岡滋，2016，「水俣病診断総論」，社会医療法人芳和会神経内科リハビリテーション協立クリニック.

Shephard, David A.E., 1976, "Methyl Mercury Poisoning in Canada," CMA Journal, 114' 463-73.

スミス，アイリーン，M.，1975，「前世紀末以来の対政府交渉：水俣病患者に勇気づけられたカナダ・インディアン」，『朝日ジャーナル』，12月号：28-30，朝日新聞社.

Toronto Star, 1975, "Ontario will Give Indians Freezers to Store Safe Fish," released on May 1, 1975.

Toronto Star, 2016, "Signs of Mercury Poisoning in Gassy Narrows youth, say Japanese Experts," released on September 20, 2016.

Toronto Star, 2017, "Site near Grassy Narrows likely Leaking Mercury, Study Finds," released on February 28, 2017

宇井純，1975，「水俣病とカナダ・インディアン：住民と住民を結ぶ旅」，『展望』，8：57-70，東京：筑摩書房.

UNEP,2013,"Minamata Convention on Mercury,"United Nations Environment Programme.

Vecsey, Christopher 1987 Grassy Narrows Reserve: Mercury Pollution, Social Disruption, and Natural Resources: A Question of Autonomy American Indian Quarterly 11(4): 287-314.

第６章

曖昧にされる被害補償の責任 ――福島と水俣の共通性

除本　理史

1.はじめに

2017年３月、東日本大震災と福島原発事故の発生から６年を迎えた。政府は2020年の東京オリンピック・パラリンピック競技大会を大きな節目として、被災者支援策や補償の終了に向けて動いている。

しかしそもそも、原発事故による避難者の数すら、実はよくわかっていない。とりわけ避難指示の出ていない「自主避難者」（区域外避難者）について、政府は人数や所在を積極的に把握しようとしないのだ。

被害を過小評価し、救済策を早々に打ち切ろうとする巨大な力が働くのは、公害でも福島の事故でも同じである。昨年（2016年）は水俣病の公式確認60年という節目であった。にもかかわらず、いまだに被害の全容が明らかではなく、裁判も継続している。

筆者は2011年８月、全住民に避難指示の出た福島県飯舘村を訪れ、村で生まれ育った高齢の男性から話を聞く機会があった。彼は長年かけて農地を開拓し、地域づくりにも取り組んできた。家業である農業は子、そして孫へ受け継がれる予定だった。だが原発事故によって、農業の継続は難しくなり、地域づくりの成果も失われようとしている。男性は厳しい現実に直面し「あきらめきれない」「くやしい」と肩を落としていた。

水俣でも福島でも、経済開発の結果、貨幣所得は増えたかもしれないが、人びとの「生活の質」が損なわれる事態が生じ、深刻な反省を迫られている。水俣病を引き起こしたチッソの工場も、福島の原発も、地域外か

ら誘致されたもので、「外来型開発」という特徴をもつ。地域の住民や団体、企業が主体となる「内発的発展」への転換が課題だ。

福島原発事故と水俣病事件は、このように多くの共通点をもつ。本章では、被害補償をめぐる責任と費用負担を中心として、この共通点を明らかにしていきたい。水俣病事件について深く知ることは、現代の環境問題を解明するためにも不可欠である。

2. 福島原発事故による深刻な被害

福島原発事故は、広い範囲に放射性物質による環境汚染をもたらし、甚大な社会的・経済的被害を引き起こした[注1]。主な被害の1つとして、住民への避難指示によるものが挙げられる。避難は被曝を避ける行為だが、一方で、避難生活は肉体的・精神的苦痛などの諸被害をともなう。また、多数の住民が避難すれば、地域社会はきわめて深刻な被害を受ける。

福島原発事故による避難者数は、ピーク時には16万人を超えた。9つの町村が役場機能を他の自治体に移転し、広い範囲で社会経済的機能が麻痺した。2014年4月以降、避難指示の解除が段階的に進められてきた。しかし、住民がどれほど帰還するかは不透明だ。原発事故の被害は、今もなお継続中である。

たとえ全住民が避難しても、それが一過性のもので、汚染の影響が残らなければ、地域レベルの被害は比較的容易に回復可能であろう。しかし、避難が長期化すれば、回復はそれだけ難しくなる。建物は劣化し、土地は荒れていく。

また、地域を構成する複数の個人・世帯の間で、原住地への帰還や生活再建に関する意思決定（たとえば移住先の選択）が多様化すれば、住民が離散していく。地域コミュニティが崩壊すれば、そのなかで継承されて

注1　除本理史・渡辺淑彦編著『原発災害はなぜ不均等な復興をもたらすのか――福島事故から「人間の復興」、地域再生へ』ミネルヴァ書房、2015年。除本理史『公害から福島を考える――地域の再生をめざして』岩波書店、2016年。

きた伝統や文化なども失われてしまう。自治体も存続の危機に直面する。

住民が主体となり地域発展を進めてきた自治体にとって、このことは、地域づくりの担い手と取り組みの成果の喪失を意味する。同時に、過去の取り組みの延長線上に展望されていた、地域の発展可能性あるいは将来像も失われようとしている。

国は、除染を行い、住民を元の土地に戻す帰還政策を進めてきた。しかし、自治体が役場を戻し、廃炉や除染などの作業で人口が流入したとしても、住民が入れ替わってしまえば、すでに元の自治体ではない。震災前の地域コミュニティが回復するわけでもない。帰還しても事故前の暮らしを取り戻すのは非常に難しい。

3. 被害補償の仕組みと問題点

直接請求の仕組み

原発事故の被害補償は、「原子力損害の賠償に関する法律」にしたがって進められる。東京電力（以下、東電）が補償すべき損害の範囲については、同法に基づき、文部科学省に置かれる原子力損害賠償紛争審査会（以下、原賠審）が指針を出すことができる（図6-1）。2011年8月5日に中間指針がまとめられ、2013年12月までに第1次～第4次追補が策定されている。

原賠審の指針（追補を含む）は本来、裁判等をせずとも補償されることの明らかな損害を列挙したものであり、補償の範囲としては最低限の目安である。にもかかわらず、東電はこれを補償の「天井」であるかのように扱ってきた。世論の批判を受けた譲歩などもあり単純ではないが、全体としてみれば、加害者側が補償の枠組みを定め、それを被害者に押しつけてきたといえる[注2]。そのため、放射線被曝の健康影響に対する不安や、ふるさとの喪失などの重大な被害が、精神的損害（慰謝料）の対象外として取り残されている。

注2　除本理史『原発賠償を問う――曖昧な責任、翻弄される避難者』岩波ブックレット、2013年。

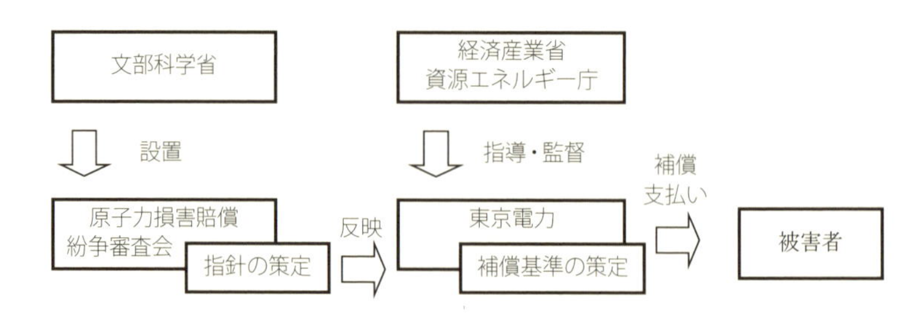

図6-1 原賠審の指針と東電の補償基準

出所：除本理史『原発賠償を問う――曖昧な責任、翻弄される避難者』岩波ブックレット、2013年、16頁、図4。

原賠審では、東電関係者がしばしば出席し発言しているのに対し、被害者の意見表明や参加の機会がほとんど設けられてこなかった。被害者が積極的に自らの被害を主張するには、世論への働きかけなどとともに、裁判外の紛争解決機関である原子力損害賠償紛争解決センター（以下、紛争解決センター）への申立てや、訴訟提起などの手段が必要となる。

中間指針が策定されて以降、東電は自らが作成した請求書書式による被害補償を進めてきた。図6-1のように、被害者が直接、東電に請求をする方式を直接請求と呼んでいる。

この請求方式では、加害者たる東電自身が、被害者の請求を「査定」する。したがって東電が認めた金額しか払われないが、支払いは早いので、紛争解決センターへの申し立てなどと比べれば、直接請求は利用されることがもっとも多い請求方法ではある。

直接請求方式の問題点

原発事故の被害補償（とくに直接請求方式）の問題点として、ここでは次の2つを強調しておきたい。

第1は、当事者である被害者に対して、補償の指針や基準の策定に参加するプロセスが保障されていないことだ。被害者からみると、補償の内容や金額が一方的に提示され、押しつけられているようにも感じられる。このことは次の点にも関係している。

第2の問題点は、被害の実情を十分反映していないために、補償から漏れてしまっている被害が少なくないことだ。避難者の被害に関しては、政府の指示を受けて避難をした人には補償が比較的手厚いのだが、たとえ汚染があっても、避難指示が出ていない地域からの「自主避難者」には補償がほとんどないか、まったくないのである。

これを地域間での補償格差の問題とみることも可能だ。避難者への慰謝料を例にとれば、福島第一原発20km圏などの避難指示区域、その外側の30km圏の地域、さらに中通りの一部やいわき市など、何段階にも補償の格差が設けられている。こうした地域間の補償格差は、住民の間に深刻な「分断」を生み出している。

政府の指示を受けて避難した人たちへの補償にも、問題がないわけではない。ふるさとでの自然ゆたかな暮らしを奪われた喪失感などは、被害としてきちんと評価されておらず、補償の対象外となっている。また政府は、慰謝料や営業損害などの継続的な補償金の支払いをおおむね終了していく方針も打ち出している。

ところで、避難者の生活再建にとって決定的に重要なのが、住まいの確保だ。しかしここでも、地域間の補償の格差が大きな影を落としている。

まず、避難指示区域からの避難者には、避難元の住居に対する補償がなされているが、それによって避難先で新しく家を購入できるか、ということが問題となる。政府と東電は2012年7月、住居の補償基準を公表した。しかしこの基準では、補償額が少なすぎて、避難先で家を買えないという批判の声が高まった。

そのため、原賠審は2013年12月、住居の再取得に関する補償項目を新たに導入した。これによって住居の被害補償はかなり改善された。ただし、東京などの大都市部で家を購入するには、必ずしも十分な額ではない。

次に、避難指示区域外からの避難者についてはどうか。避難指示区域外の人たちには、そもそも住居の補償がない。これまで「自主避難者」が避難生活を続けられたのは、仮設住宅(みなし仮設を含む)が提供されて

いたためだ。ところが2015年6月、福島県は仮設住宅を2017年3月まででで打ち切る方針を明らかにした。

しかし、さまざまな事情から、避難を続けざるをえないという人は少なくない。それぞれの実情に応じて「長期待避」（避難継続）の選択を保障しうる施策が求められる。これはまさに、2012年6月に成立した「原発事故子ども・被災者支援法」の理念でもある。

避難指示区域外からの避難者は「自主避難者」と呼ばれる。後述するように、現在、「自主避難者」を含む事故被害者の集団訴訟が全国に広がっている。その多くは東電と国に損害賠償を求める訴訟だが、司法判断を通じて「被ばくを避ける権利」を確立していくことも目標の1つとされている。

4.補償をめぐる責任と費用負担――何が問われているか

補償費用の国民負担への転嫁

東電は、原発事故を起こしたことで、実質的に債務超過に陥り、法的整理が避けられないはずであった。にもかかわらず存続しているのは、2011年5月の関係閣僚会合で、東電の債務超過を回避することが確認され、「原子力損害賠償支援機構法」（以下、支援機構法。2014年の改正で「原子力損害賠償・廃炉等支援機構法」に改称）がつくられたためである[注3]。

これにより、東電の株主と債権者は、法的整理にともなう減資と債権カットを免れた。東電は形のうえでは被害者に補償を支払っているが、支援機構法に基づき、そのほぼ全額について資金交付を受けているため、実質的な負担はない。そして国は、補償の責任を東電だけに負わせ、追及の矛先をかわしている。支援機構法は、東電と国の責任逃れが、コインの表と裏のように一体化した仕組みである。以下、具体的に説明しよう。

国は、東電の支払う補償の原資を調達し、原子力損害賠償・廃炉等支援機構（以下、支援機構）を通じて東電に交付する（図6-2の①②）。これまで補償額のほぼ全額が、支援機構から東電に交付されてきた。2017年

注3 除本、前掲『原発賠償を問う』9-11頁。

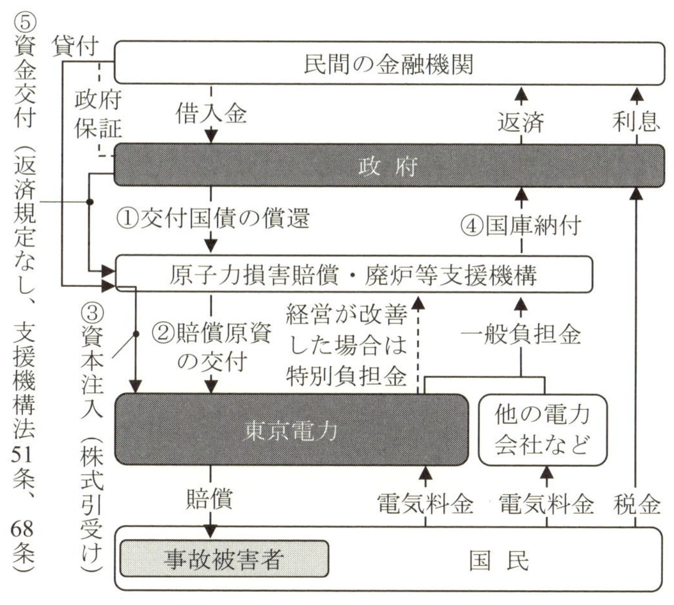

図6-2 支援機構法の仕組み

出所：大島堅一・除本理史「福島原発事故のコストを誰が負担するのか――再稼働の動きのもとで進行する責任の曖昧化と東電救済」『環境と公害』第44巻第1号、2014年、6頁（原図を一部修正）。

5月までの資金交付は64回、総額7兆1,696億円にのぼる。

また、国は支援機構の借入れに関して、債務の保証を行うことができる。これにより支援機構は、2012年7月、東電の発行する株式を1兆円で引き受けている（図6-2の③）。

支援機構法によって、補償金のほぼ全額が国から出されているにもかかわらず、国のこの関与は、事故被害に関する法的責任に基づくものではない。同法第2条は「国は、これまで原子力政策を推進してきたことに伴う社会的な責任を負っている」としているが、これは法的責任を意味しない[注4]。では国は、社会的責任を踏まえて何をするのかといえば、東電の

注4 高橋康文『解説 原子力損害賠償支援機構法――原子力損害賠償制度と政府の援助の枠組み』商事法務、2012年、42頁。

資金繰りを助けるにすぎない。東電は形のうえでは補償責任を負っているが、その原資はすべて国から出ており、しかもその国の責任が曖昧になっているのである。

東電への交付金は貸付でないため、返済義務がないが、同社を含む原子力事業者の負担金により、いずれ国庫に納付されることが期待されている（図6-2の④）。ただし、負担金の額は、原子力事業者の財務状況などに配慮して、年度ごとに定められることになっているため、いつまでに全額返納されるかわからない。これまで支援機構に納付された負担金の総額は8,513億円余り（2011～15年度）であり、東電に交付された額をはるかに下回る。

しかも、このうち大部分（6,713億円余り）をしめる一般負担金は、電気料金を通じて国民に負担を転嫁することができる。転嫁されている額は年間およそ1,400～1,500億円とみられる（表6-1）。

膨張する除染費用と国費投入の拡大

福島事故で飛散した放射性物質の除染については、2011年8月に「放射性物質汚染対処特措法」が成立している。政府は2013年段階で、同法に基づく除染費用を2.5兆円、中間貯蔵施設の費用を1.1兆円と試算していた。

その後、費用の総額はしだいに膨れ上がり、最新の試算では除染が4.0兆円、中間貯蔵施設が1.6兆円とされる[注5]。しかし、これでも足りるかどうか定かではない。

除染費用が増大するにともない、その総額を抑制するかのような動きも繰り返しあらわれてきた。環境省が2016年、放射性セシウム濃度8,000ベクレル/kg以下の除染土を、全国の公共事業で利用できる方針を決定したこともその1つだ。これには、除染土の最終処分量を減らす意図があるのではないかと指摘されている[注6]（ただし上記試算の4.0兆円に最

注5　経済産業省が設置した「東京電力改革・1F問題委員会」の第6回委員会（2016年12月9日）で配布された参考資料による。

注6『毎日新聞』2017年1月5日付朝刊。

表6-1　原子力事業者の一般負担金と電気料金への転嫁（単位：億円）

年度	2011	2012	2013	2014	2015	負担金率 (%)	電気料金への転嫁
北海道電力	33	38	65	65	65	4.0	2013 年度～
東北電力	54	62	107	107	107	6.6	2013 年度～
東京電力	284	388	567	567	567	34.8	2012 年度～
中部電力	62	72	124	124	124	7.6	2014 年度～
北陸電力	30	35	61	61	61	3.7	-
関西電力	158	184	315	315	315	19.3	2013 年度～
中国電力	21	24	42	42	42	2.6	-
四国電力	33	38	65	65	65	4.0	2013 年度～
九州電力	85	99	169	169	169	10.4	2013 年度～
日本原子力発電	43	50	85	85	85	5.2	（注参照）
日本原燃	14	17	29	29	29	1.8	
合計	815	1,008	1,630	1,630	1,630	100.0	

注：日本原子力発電と日本原燃の一般負担金は、卸先の電力会社の対応により2012年度から一部転嫁されている（『週刊エコノミスト』2017年2月7日号、83頁）。負担金率は2012年度のみ若干数値が異なる。

出所：資源エネルギー庁「自由化の下での原子力事故の賠償への備えに関する負担の在り方について」（2016年12月9日）より作成。

終処分費用は含まれていない）。

では、除染や中間貯蔵施設の費用は誰が負担しているのか。現在の制度では、国がいったんそれらを支払うが、のちに東電に求償することになっている。つまり、これらの費用は東電による被害補償の一部をなす。

前述のとおり、支援機構法があるために、東電は補償の原資を自ら負担せずにすんでいる。しかし今後、電力システム改革が進むと、一般負担金を電気料金から回収するこの方式を続けるのは難しくなる。そこで、除染費用を国民・消費者に転嫁する仕組みを再構築しようとする動きが出てきた。

2013年12月の閣議決定では、中間貯蔵施設相当分1.1兆円について国が支援機構に資金交付を行い（前掲図6-2の⑤。事実上の国費投入）、除染2.5兆円には支援機構が保有する東電株の売却益を充てるという案が示された。だが除染費用は、前述のように2.5兆円から4兆円に膨らんでいる。株価をあげ売却益を確保するため、東電は柏崎刈羽原発（新潟県）の再稼働を見据えるが、2016年10月の新潟県知事選で再稼働に慎重な米山隆一氏が当選し、困難さが増している。

さらに、増大する除染費用を東電賠償の枠外にくくりだす動きもあらわれた。たとえば森林の除染がある。

国の方針では森林除染は住宅等の周辺に限定され、ほぼ手つかずである。しかし事故で汚染された地域には里山も多く、住民からは除染を望む声が出されてきた。そのため「事実上の除染」として、実質的に全額国費でまかなわれる「ふくしま森林再生事業」が2013年度からスタートしている。

また帰還困難区域の除染についても、2016年12月の閣議で国費投入が決定された。同区域の除染はこれまで、モデル実証やインフラ復旧にともなう事業などが限定的に実施されてきた。しかし政府は、2016年8月末、帰還困難区域に復興拠点を整備する方針を決定し、5年をめどに同拠点の避難指示解除をめざすとした。そして同拠点等の整備にあたり「公共事業的観点からインフラ整備と除染を一体的かつ連動して進める方策」を検討課題に盛り込んだ。

2016年12月の閣議決定は、この方針にそって、帰還困難区域の除染を「放射性物質汚染対処特措法」に基づくこれまでの除染と区別し、国費を充てることを決めた。いわば「新たな除染カテゴリー」をつくりだしたのである。2017年度予算案には約300億円が計上された。しかし、なぜ帰還困難区域の除染だけを別扱いにするのか、納得のいく説明はなされていない。

税金であれ電気料金であれ、支払う側からみればどちらでも同じだと思われるかもしれない。しかしそこで見過ごされているのは国の責任である。これを問うのは、従来の原子力政策を問い直すことにほかならない。

東電が担うべき補償を国が肩代わりするのであれば、相応の根拠が必要だ。支援機構法の枠組みでは、国の関与はあくまで東電への資金援助にすぎない、という建前であった。だが国費による賠償負担の肩代わりは、それを踏みこえている。

国が福島事故の被害に対する責任を認めるというのなら理解できるが、そうでなければ理屈が通らない。この点を曖昧にしたままの国費投入は許されない。

5.水俣病事件との相似点

筆者は戦後日本の公害被害補償を研究してきたが、その目からみると、福島の事故でも、似たようなことが繰り返されているという感想をもつ。以下、水俣病事件を例に、福島の被害補償との3つの相似点を示そう。

被害者の分断

第1は被害者の分断である。福島事故の被害補償では、前述のとおり、行政による避難指示等の有無によって補償に大きな格差が設けられ、「自主避難」問題が生み出された。これは、水俣病などの公害問題でみられる「未認定」問題とよく似ている。

水俣病事件では、1970年代後半、行政が患者の認定基準を狭めることで補償対象を絞り込んできた。そこから外れた多くの被害者が「未認定」患者として、十分な補償を受けられずにきた。

被害者の分断は、問題の解決を非常に難しくする。補償・救済を受けられない被害者は、異議申し立てを続けざるをえず、事態は長期化する。水俣病事件で、いまだに紛争が完全には終結していないという事実からも、このことは明らかである。

ただし現在、政府指示による「強制避難者」の「自主避難者」化が進行している。避難指示の解除がなされれば、その後の避難は「自主避難」に

ならざるをえない。避難指示解除は、精神的苦痛に対する慰謝料の支払い終期に直結する。その点では「強制避難」と「自主避難」の区別がなくなっていくのである。

したがって、「強制避難」と「自主避難」の格差を前提に議論するのではなく、原発避難による被害の総体を捉える視点が必要である。さらに、避難せずとどまった人びとの被害をも含め、事故被害を全体として理解することが求められる。

「加害者主導」の被害補償とその破綻

第2は、加害者が補償範囲を決め、決着を図ろうとしたものの、被害者の抵抗にあい失敗していることである。本章で明らかにしてきたように、福島原発事故では、加害者自身が補償基準を策定し、請求の査定も行い、さらには補償の打ち切りまで提起するに至っている。

加害者が補償の範囲や額を提示するというのは、水俣病事件で失敗した「見舞金契約」を思い起こさせる。1959年12月、水俣病患者たちは加害企業チッソとの間で、低額な見舞金の代わりに、将来チッソの廃水が原因とわかっても新たな補償要求をしないこと等を条件とする契約を結ばされた。

しかし後に、水俣病裁判での熊本地方裁判所の判決（1973年）は、この契約について、患者たちの「無知」と貧困につけこみ、極端に低額の見舞金のかわりに損害賠償請求権を放棄させるものであるから、民法第90条にしたがって、公序良俗違反であり無効だとしたのである。

福島事故においても、2011年8月末に東電の補償基準が公表された後、同年秋以降の展開は、被害者の抵抗や世論の批判によって、東電の思いどおりには物事が進まなくなっていく過程であった[注7]。ここでは2つの例を示そう。

1つは、「自主避難者」に対する補償問題である。2011年8月末に東電が補償基準を公表する前から、「自主避難者」たちは自らの被害（被曝、避

注7　除本・渡辺編著、前掲『原発災害はなぜ不均等な復興をもたらすのか』175-181頁。

難費用、精神的被害等）について声をあげはじめていた。そして、被害者らの働きかけが、ついに原賠審を動かすに至る。2011年10月20日、原賠審は「自主避難者」らからヒアリングを行い、同年12月6日、この問題に関する指針（中間指針第1次追補）を決定したのである。

これにより、福島市など県内23市町村の住民が、実際に避難したかどうかにかかわらず、新たに補償の対象となった。該当者は約150万人におよび、補償額は18歳以下の子どもと妊婦が1人あたり40万円、その他は8万円とされた。

追補の定めた補償額は、およそ十分とはいえない。とはいえ、被害者らの運動が原賠審の議論に「風穴」をあけたことは、非常に大きな意味をもっている。

2つめは、住居に関する被害補償である。経済産業省（以下、経産省）と東電は、2012年7月下旬、住居などの補償基準を発表した。経産省が補償の「考え方」を示し、東電がそれを受けて、より具体的な基準を公表するという形をとっている。しかし、経産省と東電の定めた基準では、補償額が少なくなり、避難先で住居を再取得できないという批判が強まった。そのため原賠審は前述のとおり、住居の再取得に関する補償項目（住居確保損害）を含む指針（中間指針第4次追補）を2013年12月に決定したのである。

東電の被害補償に納得できない被害者は、裁判を起こすことも可能だし、紛争解決センターに申し立てるという選択肢もある。2012年12月3日、「強制避難者」18世帯40人が、東電に対して約19億4,000万円の損害賠償を求める訴訟を提起した。それ以降、避難指示区域内・外の人たちが全国20の地裁・支部で集団訴訟を提起し、原告数は1万2,000人をこえている[注8]（表6-2）。「加害者主導」の枠組みに対抗しようとするこれらの動きに対して、世論の支持がどこまで広がるかが注目される。

注8 各訴訟の概要については、淡路剛久・吉村良一・除本理史編『福島原発事故賠償の研究』日本評論社、2015年、307-326頁(ただし記載のない訴訟もある)。

表6-2 福島事故被害者の集団訴訟

地裁	訴訟数	原告（人）
札幌	1	256
仙台	1	93
山形	1	742
福島	9	7,826
前橋	1	137
さいたま	1	68
千葉	2	65
東京	5	1,535
横浜	1	174
新潟	1	807
名古屋	1	132
京都	1	175
大阪	1	240
神戸	1	92
岡山	1	103
広島	1	28
松山	1	25
福岡	1	41
計	31	12,539

注：福島地裁は2支部を含む。

出所：『毎日新聞』2016年3月6日付朝刊。

費用負担にみる建前と実態の乖離

第3は、加害者が被害補償の責任を果たしているようにみえても、費用負担の実態はそうなっておらず、実際には責任が曖昧になっていることである。責任論を欠いた補償スキームでは、建前と実態が乖離する。

前述の支援機構法でも、建前では東電は免責されず、むしろ補償の第一義的責任を有することになっている。つまり被害者に補償を支払うのは、形のうえでは東電である。しかし実態をみれば、その原資は国から出ることになる。さらに電気料金や税金を通じて、国民に転嫁されていく。他方、東電の株主や金融機関は、応分の負担をしているとはいえない。東電に第一義的責任があるようにみえて、肝心の部分が抜け落ちているのである。また国も、自ら前面に出て責任を引き受けるのではなく、東電の背後に隠れ、補償の資金援助をするにすぎない。

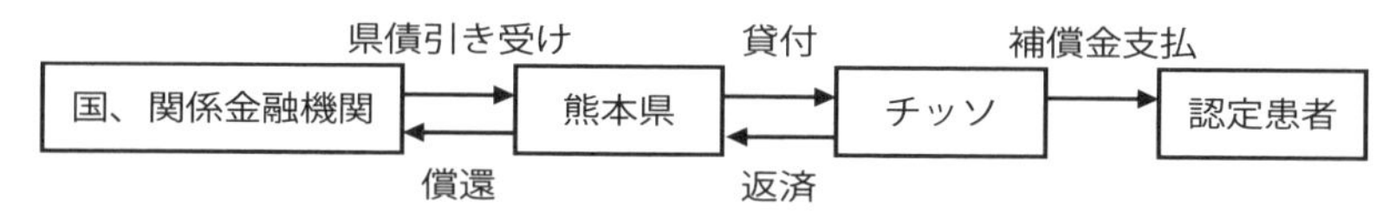

図6-3「患者県債」によるチッソ金融支援の仕組み

出所:除本理史『環境被害の責任と費用負担』有斐閣、2007年、62頁、図2-2(一部略)。

このような建前と実態の乖離は、水俣病事件でもみられる。1970代末以降に政府が行ってきた加害企業チッソへの金融支援では、チッソが被害補償にあたっているかのような体裁をとりつつ、その背後で、公的資金投入などの措置が延々と続けられてきた。この構造は、現在まで継続している[注9]。

1973年、水俣病裁判で患者側勝訴の判決が出され、これに基づいて補償協定が締結された。チッソは認定患者に対し、一時金や年金などの補償を支払うことになった。当初は、チッソがまがりなりにも補償を支払ってきたが、認定患者の増加とともに補償額も増大したため、資金繰りの悪化を背景として、1978年にチッソ金融支援が開始された。これは、チッソが熊本県を介し、補償の元手の大半について国から借金する仕組みである(図6-3)。

こうして、形のうえでは補償責任がチッソに負わされる一方、費用負担の実態をみれば、結果的に補償の全額がこの仕組みによって賄われることになった。しかし、その金を国が出すのは、水俣病に関する責任とは無関係、という体裁がとられたのである。この結果、チッソは多額の有利子負債を抱え込むことになったため、1999年にチッソ支援「抜本策」が決定され、政府の水俣病補償への関与はさらに拡大している。

ところで水俣病被害者のうち、補償の対象となった認定患者はわずかであり、ほとんどは補償を受けられない未認定患者であった。未認定患者は、さまざまな手段で補償・救済を求める運動を展開したが、なかでも国家賠償等請求訴訟(以下、国賠訴訟)は、多数の原告による大型訴訟とな

注9　除本理史『環境被害の責任と費用負担』有斐閣、2007年、51-95頁。

った。長期の裁判運動の末、1995年に当時の連立与党から解決案が提示され、関西訴訟を除く国賠訴訟は終結した。これにより、約317億円の一時金が被害者側に支払われた(被害者団体への加算金を含む)。

しかし、ここでも建前と実態の乖離が貫徹していた。すなわち、一時金を支払うのは形式的にはチッソだが、実はその85%について、国の一般会計から、熊本県を経由しチッソに補助がなされた。しかも、当初は返還条件つきであったが、上記「抜本策」の一環として、チッソは返済の必要がなくなり、実質的に国の負担となったのである。水俣病をめぐる紛争が長期化したのは、このように責任の所在が曖昧にされてきたことに、大きな原因がある。

福島原発事故でも、国は被害を引き起こした責任を免れない[注10]。2017年3月17日、避難者集団訴訟で前橋地裁が国の責任を認める判決を出した。このことを踏まえれば、東電の法的整理を行うとともに、国も相応の賠償責任を負うべきである。また、金銭賠償では解決しない原状回復についても、政策的措置を具体化することが求められる。これらは、従来の原子力政策に対する反省に基づかねばならない。原子力発電から莫大な利益を得てきたプラントメーカーや、電力業界全体の責任なども、重要な論点となろう。原発事故の責任を明らかにし、被害者救済を進めることは、原子力政策の転換にもつながるのである。

原発推進を認めてきた有権者、原発立地地域に被害を押しつけて電気を大量消費してきた企業や都市住民にも、多かれ少なかれ一定の「責任」がある。放射能汚染の影響は長期に及ぶから、息の長い取り組みが必要だ。そのプロセスにしっかりと向き合うことが、この国に暮らす私たちの責務だろう。

(2017年6月脱稿)

注10　淡路ほか編、前掲『福島原発事故賠償の研究』68-100頁。

付記

福島原発事故の被害補償をめぐる国民負担転嫁の最近の動向については、次を参照。大島堅一・除本理史「原子力延命策と東電救済の新段階――賠償、除染費用の負担転嫁システム再構築を中心に」『環境と公害』第46巻第4号、2017年、34-39頁。除本理史「福島原発事故賠償の国民負担転嫁を問う――パブリックコメント結果を受けて」『科学』第87巻第4号、2017年、350-353頁。

水俣を旅する─はじめての水俣とどう向き合うか

多田　治

水俣を歩く

私は水俣については全くの門外漢であり、本書の他の執筆者の方々とはまるで立場が異なる。社会学を専門とする大学教員だが、水俣も公害・環境問題も、専門にしていない一素人である。この点をご了承願いたい。縁あって、前著『いま、「水俣」を伝える意味 原田正純講演録』(「水俣」を子どもたちに伝えるネットワーク・多田治・池田理知子編、くんぷる刊、2015年)の制作にたずさわった経緯があり、本書にも一筆書かせていただくことになった。

水俣については本書でもすでに各章で、執筆者の方々がそれぞれの専門や活動の立場から、深く掘り下げた知見を提示されている。そこで私は、水俣について素人に等しいこの立場を逆に生かして、初めて水俣を旅する観光客(ツーリスト)の目線で、写真紀行風に水俣との出会い方をつづってみたい。そうして、これから初めて水俣を訪ねてみようとする方、特に若い読者の皆さんの参考になれば幸いである。

私が水俣を初めて訪れたのは、2014年9月。飛行機で羽田から鹿児島へ飛び、いったん鹿児島中央まで出て、そこで前泊してから、九州新幹線

で新水俣に入ったのを覚えている。水俣は熊本県だが南部の鹿児島との県境に位置し、熊本空港と鹿児島空港、両方からのアクセスを比較すると、あまり変わらない感じだった。東京からの移動時間を考えると、やはり「かなり遠いところ」という心理

的距離を感じたものだが、いざ九州新幹線に乗ってみると、あまりの速さに拍子抜けしたものである。

水俣初体験とはいえ、私の場合は仕事柄、やはりある程度は事前に本で水俣関連の知識を仕込んであったので、初の水俣入りには妙な緊張感があったものだ。「水俣病の激しい騒乱や差別があって大変だったところ」というイメージがどうしてもつきまとい、何となく物々しさを想像していたのだ。しかし実際に来てみると、私の頭の中に形成されていたこの場所への先入観は、みごとに覆された。実に緑の多い、静かでゆるやかな時間の流れる心地よい場所である。

水俣関連の本を読んでいると、工場排水による不知火海の汚染に意識が行くので、おのずと「海の水俣」イメージを形成しがちだ。だが、陸域はむしろ、「山の水俣」の面が大きいことに気づかされた。やはり実際に来てみて初めてわかることが多いものだ。

私は事前に専門業者にコンタクトをとり、ガイドツアーをしてもらったのと(水俣病センター相思社、とても良心的でおすすめだ)、現地でたまたま同業の人と知り合い、その人にも案内をしてもらえたので、いろいろ

貴重な教えを受けることができた。

水俣病の時代の水質汚濁の実態からはまるで想像がつかないのだが、水俣の山からは良質の湧き水が出ていて、そのまま飲料水にも一部利用されているという。この湧き水は海の底からも出てくるので、海の表面には時々、輪状の波紋が静かに広がるのを確認できる。「山の水俣」と「海の水俣」の接点である。都会にはない自然の豊かさを実感して味わうことができた。とはいえ、どれだけ水俣の自然環境の豊かさに五感でふれようとも、水俣病の深刻な被害の歴史と、今日まで残り続ける影響の甚大さは、何ら変わることがないのも事実だ。私は車で市内各所を回ってもらい、水俣病裁判判決30周年記念碑や百間排水溝、汚染物質のため池だった場所などの案内と解説を受けた。一つ一つの場所の穏やかな静けさが、かえって多くのことを物語るようにも感じられた。多くの人々の痛みや悲しみ、怒りと苦しみが、それぞれの場所に込められてきたのだろうと想像された。

水俣駅とチッソ水俣工場が向き合う場所も、訪問後3年近くたった今でも強く印象に残っている。ここでかつて、被害者と企業側の間で激烈な闘いが繰り広げられてきたわけである。この位置関係に水俣駅があるのは、この地におけるチッソの存在の大きさを表している。戦前の大正時代、駅よりもチッソが先にここにあり、ここにチッソがあったからその正面向かいに国鉄水俣駅が設置されたわけである。長らく企業城下町として成り立ってきた水俣の地域特性を表す空間配置である。

あれだけの騒動を経た後も、今日まで水俣がこの企業の城下町であり続けている複雑な事情が、現地に来たことでうっすらと垣間見えてきた。水俣でショッピングセンターやスーパーなど数店を営む水光社は、そもそもチッソ系の生活協同組合として始まり、戦前からこの地の人びとの消費生活を大きく支え、今日まで至っている。なるほど地元の人にも簡単に批判や告発をできるわけでもないほど、生活と企業の関係が密に形成され根づいてきたことがうかがい知れた。

博物館・資料館は、相思社の運営する水俣病歴史考証館（写真）と、水俣市立の水俣病資料館を見学した。どちらも事件の経緯や実態が展示からよく伝わってきたが、両方を比べてみると後者の行政が運営する水俣病資料館には、どこか未来志向的なものが感じとれた。「過去にはこういう悲惨な出来事があったが、それを少しずつ乗り越えて環境モデル都市になろうとしている」といった雰囲気である。ここは熊本県全域の小学生が、５年生で見学に来ることになっているそうで、教育の観点や行政の立場を考えると、未来志向になる面は避けられないのかもしれないが、少しきれいにまとめすぎている感もおぼえた。まだ問題は過去になり切らず現在も続いている面、過去の経緯や実態をありのままに伝えることの重要性を考えれば、歴史考証館の展示も重要だと思われた。いずれにせよ、これらを再び訪れてじっくり展示を見なおしてみたい。

市立水俣病資料館に隣接するエリアには、広大な埋立地を公園にした

「エコパーク水俣」が広がっている。ここの埋め立て工事は、汚染物質を集めて固め、それを利用する形で行われた。いかにも水俣病事件の「解決」を象徴し、演出したかのようである。環境に配慮した親水護岸があり、そのそばには水俣病慰霊の碑もある。人工的な埋立地に、過去の慰霊と未来志向のエコが並立する形となっていて、何か微妙なよそよそしさを感じた。地元でもこうした施設をつくることへの違和感も出ていたようである。ここもいまでは地域に根づき、特に小さな子を持つファミリー層の憩いと学習の場になっている印象だが、何となく考えさせられてしまう場所であった。これも、現地に行ったからこそ実感できた体験である。

演劇を通じて水俣と出会う

白木　喜一郎

私は、18歳の時に芝居に憧れて、集団就職（もう死語でしょうが）で東京に出ました。

池袋にある「舞台芸術学院」の夜間部で講師をしていた砂田明さんに出会います。半年の学期を終え、その当時「地球座」を若者たちと結成していた砂田さんに誘われて、俳優養成目的の「地球義塾」に参加しました。当時は「シェイクスピアのハムレット」を上演するべく、稽古の真っ只中だった時期と重なっており、忙しい期間にもかかわらず、夜の時間熱心な指導を受けました。特に話法で「石川啄木」や「北村透谷」「夏目漱石」などの文章を砂田さんの、まるでその文字が眼裏に浮かぶような朗読に唖然とし引き込まれていった事は忘れられません。新劇や時には商業演劇の「森繁劇団」などに参加して、様々な活動をしてきた砂田さんは、1960年から70年にかけての学生運動に大きな衝撃を受け、全共闘世代の若者達と「地球座」（シェイクスピアのグローバルシアターにちなんだ名前）を立ち上げ「連帯を求めて孤立を恐れず」とは演劇人の自分にとってはどんな活動だろうと、模索し格闘していた時期でもありました。

故・砂田　明さん

一時期ギリシャ悲劇「オイディプス」の上演台本も作り、識者を招い

て近松の「曽根崎心中」を研究したりしていました。そんな時に砂田さんは、石牟礼道子さんの「苦海浄土」と出会ったのです。

私は砂田さんを師としたいとの勝手な思いで「金魚のうんこ」みたいに、付いて廻っておりました。

訳も解らず、1970年の代々木公園で行われているメーデーに参加し手渡された水俣病の患者さん達の写真を掲げてアピールしたのですが、ただもう恥ずかしくて、写真で顔を隠しながらのデモ行進だった。その後、同じ5月、厚生省の補償処理委員会の和解案に反対した座り込みにも参加しました。厚生省の中に突っ込み逮捕された、皆様はご存知だろう「土本典昭監督（記録映画「水俣」など様々な水俣作品で有名）」達の応援部隊だったのですが、ただ座り込みしているのも能が無いからと、同じ熊本だから読めるだろうと石牟礼道子さんの「苦海浄土」の一節を朗読しようとして、表現とは様々な要素が必要で単にその言葉が分かり話せる事と、それが聞いている人たちに伝わる事とは別物で、今の時点では表現する事は、とても無理だと痛感したのを苦い思い出として記憶しています。

その後、東大で宇井純さんがやっておられた「自主講座」に参加し、砂田さんが決意表明した「東京水俣巡礼団」にも同行する事になってしまいました。勢いとしか言いようがありません。同じ熊本出身なのに、何もしてこなかった後ろめたさがあったことは事実ですが、そんなに深い思いが有ったかと言われれば、あまり自信がありません。

何も知らないからせめて、訴訟派の渡辺栄蔵じいちゃんの肩もみに行く事だけを目標にせざるを得ませんでした。有楽町の公園を集合場所に集まった「手甲・脚絆・白装束（私はお金が無かったので川崎の沖仲仕のバイトで買った200円の薄茶色のズボンでした）」の総勢10名は当時有楽町にあった東京都庁（美濃部さんが都知事）にも（本人は現れませんでした）カンパのお願いに行ったりしながら道行く人たちに喜捨を募り、列車を乗り継ぎながら一路水俣へ向かいました。

最初カンパ金は両替して届けるつもりだったのですが、喜捨を募るうちに、段々1円10円が、お金ではなくなり、カンパ箱に寄せて下さった方々一人一人の思いだと気づきそのまま水俣の患者さんに届けなければとそのまま運ぶ事に皆で決めました。後でその重さに難渋するのですが。

熊本に着きフランスデモを行い、機動隊に規制され（皆体格が良くて、圧倒的な物理力に、これが国家なんだと妙に納得した事を覚えています）お寺で水俣病で亡くなられた方の供養をしている時に、警察のスパイ？を発見？した時、塀を背にしたその人物が追い詰められ「お前ら全員逮捕するぞ」と必死の形相で叫んでいた事が何だか可笑しく思い出されます。

その夜、交通会館での交流会で、患者さんの前に担いできた様々な人の思いのこもったお金を座布団の上に積み上げ披露した時の事は忘れられません。

皆、泣いていましたが、東京から付いてきた報道のカメラマンがガムを噛みながら、薄ら笑いを浮かべていた事は、大きな違和感と共に思い出します。

土本組のカメラマン大津幸四郎さんは、涙でグチャグチャになりながら撮っており、後で聞くと、フィルムが足りなかったので全部は撮れなかったらしい。患者さんの想いを共有していた大津さんは、この理不尽な状況に追い込まれた人たち（″患者さん″の言葉さえ、患者さんに対するおもねりで、もっと冷静に対処するためには別の言葉が有る筈だという人も居ますが）に対する様々な思いがあふれて、とても冷静で居られなかった故だろうと今にして思います。

水俣に辿り着き、水俣病市民会議の日吉フミコさんに案内され、松永久美子ちゃんに会ったときのことも忘れられません。

意識の無い久美子ちゃんの手を取って、「はーい来たよ。元気にしとったね」と、当たり前のように接する日吉さんを見て、何も手を出せない自分が情けなく、後ろめたく、今でも患者の人に接する時にトラウマの様に残っています。

歓迎会は坂本武義さんのお宅で行われ、焼酎や「ぶえん」（生のままの刺身）を振舞われました。

解団式は石牟礼さんのお宅で行ってもらいました。あの作品を書かれ

た大作家のお宅に伺うだけでも恐れ多いのに、何と手作りの料理を振舞って下さったのです。本当に可愛い童女の様な女性で、水俣に関わる男達が、石牟礼さんに惚れてしまうのはむべなるかなと思いました。

水俣・乙女塚

1971年第一次「苦海巡礼」。「苦海浄土」からゆき女聞き書きを中心にして劇化したお芝居を持って公演の旅に出ます。

そんな経験をした後は、つまり今でもうまく言葉にならないのですが、当時の演劇が自分にとってあまりにも薄っぺらで、頭で考えているだけの意味のない行為と感じてしまったのです。勿論、砂田さんが僕達を置いて水俣に移住してしまった事も大きいのですが。一緒に水俣に行く事も可能だったかも知れません。その勇気は自分には無かった。生活は否応無く降りかかってきます。その生活力に当時の自分には自信が無かった。

芝居に憧れて東京に出た自分は、有名になり飯が食える事を夢見てふわふわと生きていた。

実際5,000円の家賃（3畳一間）さえ満足に払えない生活では、どんなに理想を追いかけようとしても無理な事だったのです。でも何とか生きていかなくてはならない。その中で、芝居に必要との思いでかじっていたギター（音楽）が生きて、弾き語りで飯を食う事になります。自嘲を込めて「定着性流し」と自分では言っていましたが。

何とか金を稼げるようになった頃、砂田さんが新しいひとり芝居「天の魚」を持って東京に出てくるとの情報に接しました。

それまでも「祖さまの国水俣から」等の通信でつながってはいたのですが、「水俣病闘争」なるものからはある距離を置いていました。

どうも「運動」なるものがよく分からない。現実に生きていゆくには様々な事柄と問題が有り（今になってみれば、生きるとは、様々な事柄のすり合わせで成り立っている事は理解できるような気がしますし、その調整としての運動が必要だと思いますが）そこには水俣で見た松永久美子さんの姿が、どうにもかさならない。自分の受けた衝撃が整理されないままの判断停止状態なのかもしれませんが、運動と称する権力闘争に違和感を感じていたのでしょう。

そんな時、ひょっとしたら自分でも何か役に立つ事が出来るかも知れないと思えたのです。上京した砂田さんと会って、話をしました。「たとえ50人でも良いから集めて観て貰いたい」との事。

たまたま数年前、仲間たちと「ああ野麦峠」を公演した浅草「木馬亭」にツテが有ったので、そこを借りて公演したらどうかとの話になり、動き出しました。

1979年の冬の事です。それまで様々な人や組織の力を借りながら、数箇所で公演をしていた砂田さんに、ちょっとした力を貸す事が出来るかもしれないと思ったのが最初です。

東京なら200人位は集まるかもしれないと思いました。巡礼仲間にも声をかければとか、砂田さんの東京時代の演劇仲間に声をかければとか、捕らぬ狸の何とやらで、動き出しました。1週間なら何とかなるかもしれないと、無謀にも予約。準備を始めました。

その動きを聞きつけた、巡礼仲間が駆けつけて、あれよあれよと言う間に大事になってしまいました。

「天の魚(いお)」2017公演アフタートーク

東京の片隅で、水俣に移住する勇気も無い駄目人間といじけていたら、東京は実に大きいと実感させられる事になってしまったのです。名目だけの「事務局長」が、しこしこと眠い目をこすり切符を売り歩いていたら、紹介、紹介で大変な事になっていました。定員130名にも満たない小屋なのに切符は2,000枚に近い数だけ預けて（お願いして預かってもらったのですが）さばけ、ストップがかかり、公演間近にはマスコミの取材が殺到。公演日には観客があふれてひどい時は3回公演にまでなる始末。新聞報道で300名の観客と書かれ、消防署から呼び出しを喰らう羽目にもなりお灸をすえられる経験もしました。実際、客席の後ろにひな壇を急遽作り、300名以上収容していたのですから、何だか夢を見ているようでした。砂田さんの言うように、「水俣の霊気の然らしむる所」とでも言うより無かった。

勿論水俣に思いを寄せる人たちの大変な働きがあったからなのですが。

その人達のお陰で、それ以後「天の魚」は500をはるかに越える公演を数える事になります。この文を読まれている方の中にも観ていただいた方もいらっしゃることでしょう。

砂田さんを継いだ、川島宏知「天の魚」公演

砂田さんの死後、途絶えていた「天の魚」公演を4年前、弟子の川島宏知が引き継ぎ、装いも新たに現在お客さんを求めて上演し続けています。私も舞台監督兼音響兼雑用係で同行しています。

「天の魚(いお)」出前プロジェクトHP
https://www.ten-no-iwo.com/

第Ⅲ部　伝える・学ぶ

第7章

「水俣」との出会いは、暮らしのなかで

田嶋　いづみ

1.はじめに

私たちは、この街で暮らしている。だから、この街の子どもたちとともに「水俣」に学び、「まちづくり」したい—。

その思いのもと、2000年4月30日、〈「水俣」を子どもたちに伝えるネットワーク〉を設立しました。以来、主に小・中学校に出向いて市民の立場から「水俣」を伝え、私たちが「水俣」から何を感じ、考えたかを聞いてくれた子どもたちは25,000人以上にのぼります。

私たちが会の名前を名乗ると、まず、「水俣のご出身なのですか」と質問されます。「いいえ、違います」と答えると、一応にけげんな 顔をされてしまいます。私たちは、水俣に地縁も血縁もありません。そんな私たちが、自分の暮らしている街で「水俣」に出会うことになったのです。 産直の共同購入を通じて水俣から無農薬の甘夏を手にする、という出会いでした。「手から手へ」「人から人へ」とつなぐ共同購入は、そのまま、私たちを水俣と水俣病事件、水俣病患者との出会いへと導くことになります。このなりゆきそのものが、足掛け20年近く活動を重ねてきて、なお尽きることのない「水俣」の学びの象徴のように感じられてなりません。「水俣」は、私たちの暮らしのすぐ傍らにあります。

子どもが生まれ、子どものために安全な食べ物が欲しかっただけでした。 10キロ箱で届いた無農薬の甘夏のダンボール箱には、「人に毒を食

わされた者は、人に毒を食わせられん」と書かれてありました。それは、確かに深く頷かせる力を持っていましたが、子育てのなかで紛れて遠ざかってしまっていたというのが正直なところです。やがて、子育ての時間は積み重なって、子どもたちは成長し、学校生活のなかで困難に出くわします。親子ともども行き暮れて、再び暮らしを振り返ったとき、深く頷いた言葉は、まるで暮らしの片隅に隠れていたかのように甦り、水俣へと誘いました。 水俣を訪ねることにしたのは、困難に疲れた気持ちを清新にしたかったからです。人生の始まりのところで、すでに学校という制度に傷ついている子どもに、こんな人たちがいると教えたいと思い立ったからでした。だ って、この言葉は、余りにもまっとうで、自分の痛みを超えて他者への思いにあふれているではありませんか。私たちが、子どもたちに伝え切れていない思いやりがあるではありませんか。もっとも、この言葉に込められた意味に気づくには、共同購入を重ねてきた時間、子育てを経過してきた時間が必要だった気もします。 こんなことを言うことのできる人に会いたい、なぜこの言葉が生まれたかを知りたい—それが「水俣」の学びの始まりとなりました。私たち の学び方は、だから、暮らしと深く結び付いています。

専門家でなく、教師でもなく、私たちは、生活する市民として「水俣」に学び始めたのでした。そして、すぐに気づくことになります。いつだって、どこだって、水俣じゃないか、と。暮らしているこの街も同じだと。子どもたちが抱えて いる暮らしだって同じ。それが、私たちがあえて「　」をつけて「水俣」と している所以なのです。

そして、無農薬の甘夏が運んできた言葉は、子どもたちに「水俣」を伝える言葉となり、なお、意味を展開していることを付け加えないではいられません。

2.いちばん大事なことはいちばん大切な子どもたちに

水俣を訪ね、水俣の人と出会い、水俣病事件を知り始めたとき、なぜ、こんなに大切なことを知らなかったのだろう、と、まるで傷つくような思いで知ることになっていったことを忘れることができません。もし、もっと早く知っていたなら、人生の場面での選択が違ったのではないか、と思いました。こんなに大事なことを知らなかったから、ろくろく子育てもできず、自分の暮らしひとつままならないのではないか、と感じました。胎児性水俣病患者とほとんど同年齢で、それゆえ、なんとなく知っている気になっていただけでした。「事実を知る」「物事がわかる」「人の気持ちに思いを馳せる」と、大人なら当然わかっていていいことができているかどう か、そうした営為がどんなことなのか。これまでの生き方の検証を迫られる思いでした。

「出前授業」を始めたとき、市民の立場でしかない私たちだから、「授業」を名乗るのもおこがましい、近所のオバサンよろしくおしゃべりして伝えるだけ、と思ったままが会の名前になっています。子どもたちにもすぐに何かを求めちゃだめ、いつか、子どもたちが人生に悩んだときや何かを選択しなくてはならなくなったときに、「水俣」の話を思い出してもらえるように伝えよう、と言い交わしました。まさに、私たちが「水俣」と出会ったときのように。「知る」とか「わかる」とか、人の気持ちをわかろうとする人間的想像力とか、子どもたちといっしょに学び直そうというのが、私たちのもうひとつのスタンスです。 水俣病患者に寄り添ってきた医師・原田正純氏は、いつもこう言われていました。「水俣は宝のヤマです」と。私たちは、いま、子どもたちとともに宝のヤマを掘っている最中です。いちばん大事なものが埋まっている気がします。だから、いちばん大切な子どもたちといっしょに掘ろうと思うのです。買い物に行く途中に道ですれ違う子どもたち、近所の公園で遊 んでいる子どもたち、いちばん身近で大切な子どもたちと。それが、地域の子どもたちに「水俣」を伝える活動のいちばんの発意でもあります。

いくら記述が削られたとはいえ、水俣病は教科書に載っている事柄です。先生が教えられることを、わざわざ市民が教室に乗り込んで伝えねばならないか、私たちも、また問わないではいられませんでした。私たちのスタンスが繰り返し確かめられていくことになります。市民の暮らしから近づく「水俣」、子どもたちとともに知る「水俣」、そして、自分自身の生き方を問う「水俣」です。

水俣病事件の悲惨さは数値によるデータによって伝えることもできます。しかし、データは私たちには不馴れなものであり、傍証とはなっても手に余ります。むしろ、隣のオバチャンがどうした、あそこのお兄ちゃんがこうなった、と、固有名詞で伝える方が、子どもたちにもわかりやすいのではないか。それこそおしゃべりオバサンの本領発揮の伝え方になりました。それは、ありのままの私たちを見せることでもありました。だから、ときに「出前授業」はとんでもない自己嫌悪を連れてきます。そんな自己嫌悪にまみれた私たちの在り方も、子どもたちにとっては、多様にある大人の姿を見せるものになるかも知れません。そう思えば、市民が担う「出前授業」にも役割があることにならないでしょうか。 各自の発意に支えられてあるネットワークですから、伝えるためのマニュアルを持ちません。それぞれの地域や暮らしが異なるように、それぞれの伝え方があっていいはずです。それでも、足掛け20年近くにもなれば、私たちなりの視点がまとまってきたように思えます。

3.「水俣」に学ぶ「いのち」のありか

一つには、食物連鎖と生物濃縮のことです。

水俣病の語り部であった杉本栄子さんは「海や川や山は、私たちを守っている」と言われていました。水俣病は、環境汚染が食物連鎖による生物濃縮の結果、人間を発病させました。このことは、環境における人間のいのちの位置をはっきりと見せてくれるものです。「環境を守る」と言うと、人間が海や川や山を守ろうとしているかのようですが、実は、守られているのは人間の方なのです。メチル水銀の生物濃縮が水俣病を引き起こしたことが、人間の身体がいかに環境に点在している貴重で稀少な物質の集まりであるかを教えているからです。子どもたち、あなたたちの身体は、海や川や山にあるものの濃縮されたもの、身体の内側にこそ海や川や山がある、と。

二つ目は胎児性水俣病、いのちの来歴を学ぶ視点です。胎盤は、胎児の健康を守るためのいのちの仕組みであり、人類誕生以来、目の前の子どもたちの誕生まで機能しているものです。しかし、メチル水銀はいとも簡単に胎盤を乗り越えて誕生する前のいのちを攻撃したのでした。人間は、次世代の子どもたちのいのちを病気にしてしまったのです。身体の外側の環境が汚染されたとき、内側も確実に汚染されているということの実証でもありました。人類誕生の奇跡を自ら踏みにじったのが胎児性水俣病です。

三つ目は、公害認定から現在に至るまでつづくこの社会の仕組みに目を向ける視点です。子ども、老人、病人、漁師と、水俣病被害は生物的にも社会的にも弱い者から始まりました。芦北女島の網元の末っ子に生まれた緒方正人さん は、六歳のとき水俣病で最愛の父親を亡くします。緒方さんは「子どもたちへ」と呼びかけた文のなかで父親の死を「くるうてくるうて死んでしもうた」と書いています。いったいどんなに悲惨な亡くなり方をしたのだろうと思います。

同じように緒方さんは「チッソの衆よ」と呼びかけた文で「この水俣病事件は、人が人を人と思わんごつなったときからはじまったバイ」と書いています。子どもたちに、この文章に出会ったときの震えるような思いを率直に伝えることにしています。身に覚えがあるから震えた、と。水俣病を起こしてしまうかもしれない心が自分のなかにもあると気づいた瞬間でした。 弱い者の声はなかなか届きません。声が届かないから、誰も耳を傾けず、その結果として社会も顧みないのでしょうか。人を人と思わない傲慢さが弱い者のいのちをおびやかしているなら、か弱い声を聴こうとすることを怠る限り、私は、やはり弱者を追いやる側に加担しています。そして、子どもたちに率直に打ち明けます。人を人と思えるようになるのは

難しい、いのちを思いやることはなんて難しいのだろうか、と。 せめて事実を刻むことで寄り添いたい。水俣病事件の事実のひとつひとつを刻むのなら、社会の仕組みの前に泣き崩れる漁師さんの姿を見ないですんだのではないか、と。

事実を知るきっかけは暮らしのなかに転がっています。無農薬の甘夏の由来を訪ねて事実と出会ったから、地縁・血縁のない私たちに水俣の友人ができました。事実を知ることは、ともに生きていく友人を得ることでした。ひるがって、事実を知らないことが差別とイジメを生むし、水俣病患者に救済を与えないのではないか。「水俣病患者」ではなく、わざわざ「水俣病被害者」と言葉を変えて「救済特別措置法」の成立を告げられた不知火海の漁師さんがその場で悔し泣きに泣き崩れるのを参議院会館で目撃することになって、事実と向き合う意味を考えないではいられませんでした。

知らないから誰かを差別し、イジメる。その誰かは、いつでも自分に置き換わります。簡単に「福島」が取って代わったように。これは、私たちのための「学び」なのです。

引き受けようとして、誰のためでもなく私たち自身のために、ともに生きるしかないと思い定めて四番目の視点にたどり着くのです。水俣病患者とその家族、周囲で支える人たちの生き方を見つめる視点です。私たちが出会った患者さんたちの生き方を見つめ、隣のオバチャンがこうした、あそこのお兄ちゃんはこう生きている、とひとりひとりに思いを馳せることです。水俣病患者から、私たちは、人は人を確かに思いやって深い絆を結ぶことも、また、できるのだと知ることができます。そこには、私たちにもできるのだと思わせてくれる、確かないのちの営みがあります。

胎児性水俣病で生まれた智子さんをご両親は「宝子（たからご）」と呼んで慈しみました。家族の分のメチル水銀を肩代わりしてくれたのだと、一家して智子さんを支え、智子さんが家族の絆を結んでいました。水俣病を超えて、こんなふうに人と人が結び合うことはできるのです。智子さんだけでなく、水俣には、他者を思いやる術をごく当たり前に見せてくれる人たちを見つけることができます。再び「人に毒を食わされた者は、人に毒を食わせられん」に戻るなら、この言葉もそのひとつだとわかります。「人に毒を食わせられん」と言うときの「人」の意味を「それは、あなた。それは、わたし」と確かめるとき、いつも教室がシンとなります。子どもたちの瞳が丸くなるように感じるときです。水俣病患者が手をかざして見せてくれた「いのちの持つ希望」を垣間見るときでもあります。

4.子どもたちの問いが「水俣」の意味を深くする

出前授業の様子

子どもたちからよく受ける質問があります。まず、「水俣病は治らないの？」という質問。この問いは、子どもたちの患者さんを救いたいという願いです。子どもたちは、まず、患者さんを救うことを考えるのです。救済制度が取りざたされるたび、私たちは、子どもたちにどう説明できるかを考え、この救済策で子どもたちが納得できるだろうかと考えてみるようになりました。患者のみなさんがいちばんに納得できる救済でなければならないはずですから、子どもたちを思い浮かべるのはおかしいかも知れません。しかし、子どもたちの納得は、患者たちの納得にいちばん近い気がするのです。

「なぜ、毒と知っていて捨てたのか、捨てるのを止められなかったのか」は、「水俣病は治らないのか」という質問より数多く投げかけられる質問です。あまりに率直な質問です。だからこそ、この社会の在り様を根本的に問うているとも言えます。私たちは、この問いにこそ答えなければ

ならないはずです。でなければ、二度と水俣病を起こさない社会にすることは困難だからです。しかし、子どもたちがまっすぐに、最も根本的な問いを投げるたび、答えられない自分を見つけてしまいます。いろいろな答え方はできるでしょう。そのどれもが答えているように見えて、答えになっていません。この問いに答えられない限り、「水俣」の持つ意味にたどり着いていない、と自覚するのです。

その日、質問タイムになったとき、ひとりの少女がやはりこの質問を投げかけました。私は、正直に「わからない。でも、一生懸命考えている。あなたたちに伝えるたびに一生懸命考えている」と答えました。そして、逆に「あなたはなぜだと思う？」と問い返しました。その瞬間、教室全体がシンとなって空気が重くなりました。なんとも言いようのない雰囲気となって、私は鳥肌が立つような感覚を持ちました。教室にいた子どもたちの全員が同じことを懸命に考えようとしているとき、空気が変わるということを体験したからです。忘れがたい記憶です。やがて、少女は「お金？」とつぶやきました。

そして、子どもたちは、のこのこと教室に現れて「水俣」を伝えようとしている私たちに「なぜ、こんなことをするのか」と訊くのです。「水俣病は治らないのか」「なぜ海に捨てたのか」「なぜ、伝えに来たのか」が、私たちの「出前授業」の三大質問です。なぜ「水俣」を伝えようとしているか、には、さまざまに答えることができそうです。「水俣」には、人間的想像力が何かとか、いのちの在りかがひそんでいて、それは、二度と水俣病を起さない社会づくりへの道につながっていると思うから。何よりも、子どもたちの幸せを願い、希望を伝えたいと願うから。この三つ目の問いに丁寧に 答えていくことが、いつか、「なぜ、海に捨てるのを止められなかったか」という問いの答えにたどり着く方法なのかもしれないと思うことがありま す。 そうなのです。結局は、子どもたちとともに「水俣」と向き合うことで、子どもたちからの問いに答えていくことで、「水俣」は幾通りにも学びを拡げていき、私たちは「学び」そのものの意味を考えていくことになるのです。

子どもたちが問う、あるいは、問いただす事柄は、そのまま丸ごと伝える側の私たちの「気づき」となったのでした。「出前授業」を子どもたちとの協働作業と位置づけるのは、だからです。「出前授業」を支えているのは、子どもたちにほかなりません。さらに、この経緯のなかにこそ、未来を拓く「もうひとつの希望」がひそんでいるように思います。

「ニセ患者は何人いるのですか」とためらいもなく問われて、反射的に「ひとりもいないよ、患者になって得することは何もないでしょ」と答えたとき、水俣病患者への想像力がひとめぐり進んだ気がしました。「ニセ患者」という言葉に惑わされる世間知まみれの私が、事実との向き合い方を子どもたちに教えられたときとなりました。

「水俣」のことでいちばん心に残ったことは何ですか、と涼やかな声で少女から投げかけられたときは、内心、見透かされたかと感じました。20年近くも「水俣」を伝える活動をつづけてきて、小学校5年生の教育指導要領がそうなっているからなのですが、2月から3月にかけての「出前活動」ピーク時には、あえて淡々としていたことが晒されてしまったかと思いました。子どもたちは、いつも、原点に引き戻します。とっさに、「出前活動」をつらく感じる限り伝えてもよい、と言われた水俣病資料館の語り部第一号であった杉本栄子さんの顔が浮かびました。あんなに苦しんだ水俣病のことを栄子さんは、晩年、「水俣病は守り神であった」と言いました。水俣病となったおかげで素晴しい人々と出会うことができた、と。私は「水俣病の苦しみを、その重荷を少しでも紛らわすことのできる

ような、そんな人になりたいと思っています」と答えていました。地縁・血縁なく「水俣」のことを伝えることは、当事者から見れば、思い上がりでしょう。子どもたちと共にあることで、私は、自らの生を問う現場につなげることができるのだと思っています。

時代の目撃者となって、自らの生の当事者となって、子どもたちからもらった質問に答えを探すことで事実を組み立て、子どもたちの感想から、事実の意味を教えられました。子どもたちは 言葉を使うのに幼い からといって、事実の在り処に遠いのではなく、どこか身体の幹のようなところで、その意味を受け止めているようなところがあります。「出前活動」は、まさに、子どもたちとの共同作業です。

当事者でない者が想像しようとしてもどうしても想像しきれない、だからこそ想像することを諦めてはならないその想像力の糸口。探り当て切れない答えを探して、それがそのまま「出前活動」です。 そんな出前活動だから、やみくもに子どもたちと水俣病事件の事実を 共有したいと活動を始めた当初から、伝える言葉も、答える言葉も変わってきているとも感じています。

5.伝える言葉は、「いま」「ここ」の変化とともに変化する

活動を始めたばかりの頃、こんなにも大人は愚かでとんでもない過ちを重ねて水俣病を引き起こしたと、子どもたちに伝えてどうするのか、子どもたちに罪悪感を負わせようとするのかと批判されたことがあります。いや、水俣病事件の事実に患者さんと家族の姿を重ねて知れば、希望が見えてくるはずと抗弁してきました。その過程で、伝える言葉を支えてくれる桑原史成氏、宮本成美氏、芥川仁氏の写真パネルとともに子どもたちの前に立つ出前スタイルが生まれたのです。

写真は多くの言葉より雄弁に子どもたちに 語り掛けてくれたのですが、私自身が写真を見られるようになったのは、「出前活動」を始めてしばらく経てからのことでした。 写真の前で、よく涙を流しました。自分

でもその涙がどこから出てくるのか不思議のままで。同情でもない、悲惨への哀れみ、悲しみの涙でもありませんでした。出前を重ねるなかで、写真から声が聞こえ始めて、忽然 と悟ることになります。写真から聞こえてきたのは怨嗟の声でも嘆きの声でもなかったからです。家族の何気ない会話、「お父さん、大好き」という声。何も特別ではない、そこにあるいのちの信頼、寄り添って生きるいのちの美しさ。そのことに私の方が勇気づけられ感動して涙を流していたのだ、と気づいたとき、水俣病事件の事実は、私を変えたのです。

写真の力を借りながら伝える活動をつづけるなかで、何回か〈伝えるネット〉主催の写真展にも取り組んできました。〈伝えるネット〉に集う仲間には視覚に障がいのあるメンバーがいて、必然として、写真を視覚障がい者とともに見る試みが始まりました。これも当初は、ためらう気持ちがありました。実際に、援助を求めた写真家のみなさんだけでなく、視覚障がい当事者の協力もなかなか得られませんでした。背中を押してくれたのは、視覚障がいメンバーの前向きな気持ちと、講演会にお招きした最首悟氏からもらった言葉です。「目が見えないから写真はわからないだろう、という気持ちでは、水俣病事件のことはわからない」と。

視覚障がい者とともにみる水俣病写真展の取り組みは、映画をともに鑑賞するための音声ガイドづくりにつながりました。『水俣病～患者さんとその世界　完全版』『石川さゆり水俣絶唱』（土本典昭監督作品）の 音声ガイドなど、手がけた作品もアリの歩みではあるけれど増えてきました。見えない方と共に写真を見ると、見えるものが変わりました。共に映画を鑑賞すれば、映像の意味が変わりました。もちろん、そのことが「水俣」を伝える言葉を変えていくのです。

それだけでなく、相模原市主催の〈フォトシティさがみはら受賞写真展〉に視覚障がい者を誘ってのガイドにつながり、豊橋窓口では、視覚障がい者の授産施設立ち上げにかかわることになり、浜松窓口では視覚障がい者の女優・美月めぐみ氏をメンバーとする演劇結社「ばっかりばっかり」の朗読会を恒例的に主催することにつながりました。 これらの経緯その

ものが、私たちに「水俣」を伝えることがまちづくり に他ならないことを教えてくれたのです。

地域市民の暮らしから近づく「水俣」、子どもたちとともに事実を知る「水俣」、その結果として自分自身の生き方を問う「水俣」が「社会化」されることで、地域も暮らしも私自身も変わっていく。〈伝えるネット〉の「出前活動」の中身が変わっていくことと呼応しながら。支援の言葉とも、裁判の言葉とも、書物や講義の言葉とも違う言葉で。

そして、伝える言葉は、また、「いま」「ここ」の変化とともに変化することになります。3.11の東日本大震災・福島原発事故がそうであるように、子どもたちとの共同作業を乗り越えて、社会そのものによって大きく言葉が抉られているのを感じないではいられません。水俣病事件の当事者の前に、そうでなかった私たちが、「いま」「ここ」の同時代者を強く意識することによって、もうひとつ時代の当事者として自らを明瞭に意識するようになったのです。

最初に「水俣」を伝えに出かけた小学校をはじめ、以来20年近く、2万人を超える子どもたちの前に足を運んできた私の暮らすまち・相模原。「相模原障害者殺傷事件」が起きたのは、このまちです。津久井やまゆり園は、私にとっても近い、親しい施設でした。 茫然と事件発生の報を聞いてから、衝撃は止まらないでいます。 20年近くも「水俣」の何を伝えてきたのだろう。水俣病事件の「社会化」とは、どのようなことをイメージしていたのか。何か決定的な見誤りがあったのではないか。衝撃は、そんな問いかけになって、巡りつづけているのです。 水俣病事件を共通の記憶となるべき事件と受け止め、共通の記憶が社会の形成にかかわり、まちづくりの基盤になると考えてきました。例えば、みんなが体験した敗戦のように。

そんな思いが活動の原点であったはずでした。 思いは、常に自分自身の生き方に返ってくるものだったのです。だから、事実を知るたびに身の周りから自分を変えていくことを模索してきました。清掃工場の建て替えに絡むアセスメント実施を求める行政訴訟の原告にもなり、基地のまちに住む者として騒音訴訟にも参加しました。視覚障がいのある友人を得たのも、聴覚障がい者の知人ができたのも、生き方を変えてきたおかげだと思います。そのささやかな変化がまちづくりにつながると考えてきました。

しかし、実は、それだけでは、足らなかったのではないのか。自分の周辺だけの模索は、どちらかといえば、結局安易な、自己満足に終わっても仕方のないような事柄に過ぎなかったのでないか。水俣病事件を個人的な哲学的課題のように閉じ込めていた自分が見えたのです。そもそも社会とは、何か。共同体の構成員であることを、私自身はどのようなことだと思って生きてきたのだろうか、と。

「相模原障害者殺傷事件」を経て、ひとは、必ず社会的存在であり、暮らしは、他者とどのような関係性を築いていくかということにあると、今更のように突きつけられていると思います。その視座に立つとき、水俣病事件の事実、その意味を「社会化」することがどのようなことなのか、今、別次元のベクトルで考え直さなければならないかもしれません。水俣病事件と出会った市民として、「社会化」との対峙が始まっています。対峙、それは「水俣」から「いま」「ここ」の同時代を考えることでもあり、水俣病事件を語る私の言葉を新たに探していくことでもあるのです。

第8章

水俣病が何を語りかけるか
岩本美智代 証言

はじめに

本日は、水俣に来てくださいまして、ありがとうございます。水俣は初めての方はいらっしゃいますか。少ないですね。みなさん水俣には何回か来たことがあると言われる方が多いんですけれども、皆さんもそうなんですね。水俣の中心部は、車で5分くらいで通りすぎるぐらいですが、信号はやけに多くて、朝夕は渋滞するくらいです。

この小さな町で、今から61年前、1956年、初めて公式に水俣病と認められた患者第1号の方が発生しました。午前中、資料館を見学されてきたと思いますが、映像でみた水俣病はこれまで何度かテレビや新聞などでご覧になる機会はあったと思いますが、やはり同じ県内でも遠い昔の事で、どこか他人事ではないでしょうか。

じつは私はそうでした。知っているつもり、自分には関係ないふりをしていました。しかし、現実は全然違って、まさしくど真中で知れば知るほど、今こうして生きているのが不思議なくらいの中で産まれ育ってきました。

今日は私がこれまで自分の目で見て、聞いて、感じた、私の水俣病をお話させていただきたいと思っています。

本題に入る前にみなさん、昨年は大きな地震にみまわれて、言葉では言いようのない体験をされた事と思います。心からお見舞い申し上げます。福祉や環境の大切さを身をもって知り、入学された方もいらっしゃると思います。同じ過ちを繰り返さない様に、これまでの歴史をしっかり学

び、伝えていくという事はとても大切な事だと思います。

女島(めじま)でのくらし

まず、私が産まれた地元の事について、お話させていただきたいと思います。私が産まれた熊本県芦北郡芦北町女島は、水俣から海岸線で北に約25キロ、直線距離で15キロの所にある漁業を中心とした集落です。沖地区全体は、ここからここまで全体的に沖地区と言って、当時は60世帯240人ほどで、こちらの丸で囲んである所は、大ノ浦、京泊、牛ノ水で、33世帯115人ほどの人口です。目の前は海、背景には山がせまり、平地は小さな畑があり、そこで食べる分位の野菜を作っていました。私の実家は、大ノ浦です。

昔は、道路もせまくて車もなかったので、移動は小さな手こぎの舟でした。ですから、自分たちの生活は海を中心、潮の満ち引きを考えて生活していました。住民のすべてが1963年まで漁業だけで生計をたてていました。県道ができたのは1962年、家の前の道路ができたのは1971年、私が小学校の5年の時だったと思います。食べ物は海で獲れるものが中心で、魚やアサリ、カキ、ビナ、ワカメなどを、朝から味噌汁、夜は煮魚と野菜と一緒に炊く、子どもたちも自分たちで魚や貝を獲りに行くことが遊びであり、それをおやつがわりに食べていました。ビナを実際に見られた方はいらっしゃらないかもしれないと思いまして、朝、主人に獲ってきてもらいましたので、持ってきました。これはまだ、食べられない生の状態ですけれども、そういうのを獲って遊んでいて、それを実際に湯がいてそれをおやつ代わりに食べていました。近くにお店もなくて、お金もないし、海の物はただですぐ食べられるわけで、他に食べ物もなく、小さい子どもから大人まで、同じ物を食べていました。となり同士の家が近くて、夕方になると晩ごはんのおかずのにおいが、風にのってぷーんとしてくるんですよね。主に魚の煮つけや、野菜の天ぷらとか、たまに手のこんだ、混ぜご飯とかすると、それを隣近所に持っていったりして、良いことも悪いことも分け合ってみんなが大家族のような生活を長年続けていました。

その頃は、周りの人みんなが同じ生活でした。こちらに示してありますように、丸の所からこちら側が実家ですね、で向かい側が佐敷町というところで、計石まで手こぎ舟で30分かかっていました。当時、湯浦には鉄道も通り、ちなみにですけれども、今の鹿児島本線は1952年から開通したそうです。駅前から馬車もいまして、私が病気した時は家から渡し舟で行って、渡し舟から下りて母が病院までずっとおんぶして歩いて連れて行ってくれました。そのことは、すごく覚えてます。病院に行くのも一日がかりで、本当に大変でした。今、こういう風にお話してもちょっとピンと来ないかもしれませんけれども、テレビでよく見る明治時代の話ではなくて、私が3、4歳位の1963年とか1965年頃の話です。

網元の家に冷蔵庫が来たのは1964年頃で、普通の人たちは持っていませんでしたから、海が冷蔵庫代りでした。これが、私がよく遊んでいたころの風景です。浜に流れ着いたものを拾ったり、ビナを採ったりして遊んでいました。写真は、これが私の兄、三男で家の前で魚釣りをしているところです。もう、ここから崖の先は海で、干潮の時は、家の前の干潟で遊んでいました。

しかし、1958年頃から女島でも異変が起こりはじめました。魚がいっぱい死んで浮いていたり、ネコがドアにぶつかって、クルクル回りながら死んでいったそうです。そしてついに女島では、1959年に劇症型水俣病の患者さんが発生し亡くなりました。他にも同級生がその時期、胎児性の水俣病として産まれました。私と1､2ヶ月しか産まれた月は変わりません。

はじめて触れた水俣病

私が小学校の頃、母の兄で、巾着網という漁法の網元だった伯父、小﨑弥三は、だんだん歩けなくなり、ヨダレを垂らして、たばこの火で爪はまっ黒くこげていました。今思うと、痛みを感じていなかったのだと思います。伯父は、ひとりで座ることができず、座椅子に座らされていました。私がみた初めての水俣病の恐ろしさでした。伯父はこんなにも劇症型で症状が悪かったにもかかわらず、水俣病の認定申請をしても熊本県によ

って棄却され、10年後、行政不服の末にようやく認定されました。

認定された時、伯父はすでに、自分が水俣病により、このような体になってしまった事さえ分からない状態になっていました。最初は、原因が分からず、なんとか治る方法はないものかといろんな病院に連れて行ったそうです。その頃、伯母は水俣で聞いたことのあった水俣病の事を尋ねるために、当時、市会議員で水俣病の支援をしてくださっていた、日吉フミコ先生を訪ねて行ったそうです。読み書きができない伯母が必死で、「先生うちのは水俣病じゃなかでしょうか。どげんしたら分かりますか。」と尋ねて行ったそうです。そのことを、日吉先生が私に話してくださったのは、今から5、6年前だったと思います。水俣から、15キロも離れているところで、当時、そんなことが起きていることを女島の人は誰も知らないし、教えてくれる人もいませんでした。

避けた理由

私が中学校になった頃には、集落の中や親戚や家族の中でも、認定と棄却にわかれていってしまいました。認定された所は、補償金をもらい、家が新築されていきました。他の所から来られた方が、なにげなく私の家を見て「ここは水俣病御殿ですなぁ」と言われた言葉が衝撃的でした。子ども心に何かうしろめたいような感じがして、その頃から水俣病の事をさけるようになりました。

これまで同じ海で共に漁をし、同じように生活し、魚を食べ続けてきたのに、水俣病によって、これまで築いてきた人々の思いがはなれていってしまいました。また、私たち子ども世代もだんだん結婚する年頃になり、嫌でも水俣病の事は避けて通れませんでした。

いとこの中には、障がいのある子どもが何人か産まれ、相手の親から女島、水俣病と関係あるんじゃないかと言われたそうです。そういうこともあって、私もだんだん結婚できるか不安になっていきました。私は35歳で結婚しましたが、やはりちゃんと子どもが産めるだろうかと不安でした。ですから、結婚する前には、父から水俣病の事、地元の事などを、主人に話してもらいました。主人は、水俣に近い鹿児島県出水市の人だったという事もあり、理解してくれて、私の身体の事、実家の事など、いろいろ気づかってくれています。私は、子どもを１人目は流産しましたが、やっとの思いで女の子を出産し、今、皆さんと同じ大学1年生になりました。

私が水俣病にみえますか

次は、私の家族と、私の症状についてお話させていただきます。私は５人きょうだいで、一番上の姉と、兄が３人います。当時は、祖父母、両親の９人の大家族でした。祖父母と両親は水俣病と認定されています。

父は働き者で、１つの事を決めたら最後までやり通すような強い人で、弱音を言う事はあまり聞いた事がありませんでした。戦争も体験していましたが、家のなかでは、戦争の事や、水俣病の事はほとんど話しませんでした。

伯父が網元だった頃は、父は網子として巾着網漁をしていました。伯父が水俣病になって巾着網ができなくなってからは、父たちは夫婦でできる個人漁をはじめました。水俣病によって魚が売れず、漁業だけでは生活が成り立たなくなった頃、父は養殖業に切り替えていきました。

私が小学校の頃、父は、体に湿布を貼る係を私にさせたり、父の背中に乗ってマッサージをさせたり、帰ってくるとすぐ横になっていました。足をこたつの上にのせて寝ている姿が定番で、体にはお灸の痕がいっぱいありました。母は５人の子どもを育てながら、父と一緒に漁に出ていました。おにぎり片手に舟にのり、ちゃんと食事をする時間もないくらい忙しく、獲れた魚を舟の上で食べていたそうです。

母は私を身ごもって、おなかが大きい時、女島の被害が一番ひどい頃ですね、死んでいる魚はあまり食べなかったそうですけれども、他は、火を通せば大丈夫だろうと、他に栄養になる物もなく、魚を食べ続けたそうです。体は強い方ではありませんでした。母は突然倒れて救急車で運ばれることが、亡くなるまで何度もありました。1973年に父と一緒に認定申請をしましたが、父は1975年に認定されたのに母はそれより３年遅くな

って認定されたそうです。

きょうだいの中では、長女と長男の症状がひどくて、両親がいつも心配していました。長女は今年70才になりますが、肩から手にかけて震えがあり、ふらつきがひどくて、物忘れ、精神的に不安定で、統合失調症の診断で、福岡の病院に入院し15年になります。

長男は67才になります。言葉が出づらく、はっきり聞き取れません。手足の震えや、まっすぐ歩けません。夏でもセーターを着ている事があったり、こたつを引っ張り出して入ってたりして、体温の感覚が相当おかしいなと思うことが若い頃からよくあります。入院生活は20年位になると思います。兄は認定申請しましたが棄却され、若い頃から症状も悪かったため、医療手帳を申請し、もらっています。

私の症状ですが、申請をするまでは、自分が水俣病じゃないかとは、あまり考えていませんでした。みなさん、私を見て水俣病患者には見えないんじゃないかと思います。ただの疲れたおばさんにしか感じないと思うんですけれども。子どもを産み、頭痛や肩こりがひどくて、実家に帰って寝ていると、母が、その頃ちょうど水俣病の最後の申請時期と言われてた時期で、一度水俣病の申請だけでもしてみなさいと強く言いました。その事がきっかけで申請をするときに、原田正純先生に2004年でしたかね、診察していただきました。原田先生は両親を何回も診ていらっしゃっていたんですが、私は受けていませんでした。その先生が私を診るなり、「どうして今まで申請しなかったの」と言われました。

見た目には分からないと思いますけれども、手足のしびれがあり、特に足は青あざだらけです。つまづきやすくて、足が上がりません。今、会社で長靴をはく事が多いんですけれども、長靴を履いたり、ぬいだりする時は、同世代の人は、何もつかまらずさっさっさと履けるのですが、私は何かにつかまっていないとよろけて倒れてしまいます。からす曲がりや、頭痛、耳鳴り、肩こりは、20代からあり、針治療もその頃からしていました。車の運転も1時間位が限度で、手がこわばり感覚が鈍っていきます。手先を使う仕事、袋を開けたり、紙をめくる等ですね、今日もこのように資料を持ってきたんですが、紙の端っこを折り曲げてないと、なかなかこう、1枚1枚きれいにめくれません。他の作業とかやっぱり人より遅くて、何年たっても上達しない事とかが多くて、しょっちゅう他の人から、「そんなに時間かかってたら遅くなる」と言われるんですけれども、出来ない事は出来ないと、心の中でやっぱり言い返しても、すいませんとしか、やっぱり謝るしかありません。

生活の中であれこれ人より劣っている事はまだまだたくさんあります。物事を覚えられない、時間がかかる、口の中をよくやけどして皮がめくれて、食事ができなくなる事も何回もあります。今、鹿児島県の出水にきて19年になりますが、他の土地に来て、周りの人と少し違うなぁと初めて感じました。その時に水俣病と結びつけて考えられるようになりました。家族の中で、祖父母と両親は認定されて、長男は医療手帳、次男・三男は被害者手帳、長女は私と一緒に公健法の水俣病申請をしましたけれども認定まで長年待たされる事もあり、入院生活が長いため、仕方なく被害者手帳に切り替えました。きょうだいの中でも、こんなにもですね、病気はひとつなのに、水俣病の被害ということでは分かれていってしまいます。

父の足跡を辿る

私は45歳で申請をしましたが、すぐにはできませんでした。周りの人や家族から何か言われるんじゃないだろうか、自分は本当に申請するに値するんだろうか、そこから初めて水俣病の事を自分の事として向き合いました。いろんな方のお話を聞いたり、本を読んだり、今まで自分が目にしてきたものがそう言う事だったのかと、やっと気付かされました。とてもショックでした。自分は今まで何を見てきていたんだろうか、本当の事を知ろうとしなかった自分を恥じました。

その頃、支援者の方から、「一緒に裁判をしませんか、これが最後になるかもしれません」と言われました。私が裁判をするのか、何も知らないのにどうして私なのか、周りの目や、お金目当てでそこまでする、と思われないだろうかと迷いました。

そんな時、今から20年前に亡くなった父が残してくれた日記に初めて目を通しました。そこには、父が歩んできた、本当に今では考えられない、しかし、確かに父が一生懸命歩いてきた足跡が書かれていました。

父は、岩本廣喜（ひろき）と言います。何事も話し合い一致団結してまとまっていた集落が、同じ食べ物を食べ、同じように生活してきたのだから被害はみんな一緒なのだと言う思いから、患者の代表や相思社の仕事もしてきました。まだ認定されていない人たちの認定を求めて、一緒に県庁に何回も行き、徹夜の交渉も行い、勝ち取った事もあったそうです。そんな中、一部日記で目が止まり、くぎづけになったところがありました。そこにはこう書かれていました。認定された父は、チッソから賠償金を受け取る日、「7月11日、チッソから賠償金を受け取る、自分の体を身売りする、情けない感情、何も言えない」と書いていました。涙が止まりませんでした。

被害者なのにどこまでいっても大きな権力に支配されていかなければならないのか、父が本当に手にしたかった物は、お金なんかですり替えられるものではなかったはずだと、怒りがこみ上げてきました。父が亡くなる前に一軒一軒集落を回って、家系図に水俣病の患者がどれだけいるかを聞き取りし、その家の祖先と、被害の状況をまとめたノートがありますので、これを、実際のものですけれども、ちょっと汚いですけれども、見ていただければと思います。

国・熊本県・チッソの主張

父の遺志を受け継ぐ、そんなとても大きな事は私にはできませんが、これまでの水俣病の歴史の中で、私でも少しでも思いを伝える事ができればと言う思いで裁判を始めました。私の裁判は、2007年、国・県・チッソを相手取り、熊本地裁に提訴したものです。一審の裁判が始まり、今年で10年になります。裁判とはどう言う物か、何も知らない私でさえ、国・県・チッソの水俣病に対する無知、被害者に対する軽視した発言に驚かされます。裁判の1日目のことですけれども、裁判所に行かれた方はいらっしゃらないかもしれませんが、被告と原告と向き合って座ります。被告側と原告側それぞれ弁護士の先生が座られるんですけれども、こちら側はその当時、弁護士の先生が東俊裕先生１人だったのに対して、被告側の弁護士と代理人は20人以上ずらっと並んでいて、裁判が始まると中には眠っている方もいました。はぁ、これが裁判なのかと、すごく驚いたことを覚えています。

そして、裁判が始まり、私が水俣病の被害を立証する場面で、直立して映っている父の写真を見て、既に認定されている父を、「真直ぐ立っているんですね」って言ったり、庭先で魚をさばいている写真を見て、「魚をさばく事ができたんですね」と被告の弁護士が言いました。一瞬自分の耳を疑い、あきれました。認定された人は、まっすぐ立ってはいけないのか、普通、写真を撮る時まっすぐやっぱり立ちますよね。魚をさばいてはおかしいのか、見た目に重症な人しか水俣病患者ではないのか、いったいこの人たちは、実際に水俣病と認定された人たちを見たことがあるんだろうか、何人水俣病の患者を知っているのだろうか、と思いました。

また、被告は、当時、魚を食べたら危険だと分かっていたのに魚を食べていたのかとか、まるで汚染された魚を食べ続けた私たちが悪いような事を平気で言います。私たちは「魚を食べるな、危ない。これを食べたら水俣病になる危険性がある」という事を、一言も聞いた事がないし、そう言う事を伝えてくれる手段さえありませんでした。地元の事を何も知らない、漁師の生活をどんな物か知りもしない人たちが、机の上、パソコンの中で答えを求めている発言に、怒りを通り越して悲しくなりました。それでも、私は熊本地裁の一審で水俣病と認められました。しかし、国・県・チッソはそれを不服として控訴しましたので、今も、闘い続けています。

闘いの原動力

これだけの被害があるにもかかわらず、行政側の姿勢は、あくまでも被害の実態、本質をさぐろうともしないで、被害をいかに少なくし、長びかせて切りすてるかの繰り返しを行っています。そんな中、ごくわずかな被害者が手をあげ、一生懸命裁判で闘い続けて、水俣病の歴史を塗り替え

てきました。

いつの日も被害者が闘い叫んで真実を訴えてきました。また、そのようにできたのは、ひとえに支援して下さっている方々のおかげです。何もわからない私たちのために、懸命にいろんな方々のお力をいただきながら、被害の状況などを立証するために、ここにいらっしゃる先生方、皆さん大変な時間と労力をそそいで下さっています。本当に感謝しています。

私は親たちの世代、一番苦しんで自分たちの体を削りながら自分たちの手で切り開いてきた、この歴史を次の世代の人たちに伝えていく、それが私たち世代の役割だと思っています。裁判をする事により、この地に産まれた事で、この地に起きてしまった事だからこそ、知る必要があったと思うし、これから先、将来、子どもたちが安全に安心して暮らせていけるかどうか見守っていかなければいけないという事がみえてきました。

今、闘っている裁判は、私個人のものではなく、母の一言で始まり、父の思いが私の背中を押して、きょうだいの苦しみが闘いの原動力になっています。私個人の問題ではなくて、私たち家族の闘いであり、女島のみんなの思いが込められたものだと思っています。また、それをちゃんと進みやすい様に、父がしてくれていたかのように思います。

皆さん、またこの水俣に来て下さい。そこの前の海には、私たちの裁判に、自分の命を削ってまで証言台に立って下さった方が眠っています。先生は、自分の先が長くないことを知りながら、裁判所での証言を、自分の証言を早めてくださいと言って、そこまでして、証言に立って下さった方です。原田正純先生です。先生が、この水俣病が何を自分たちに語りかけているか、それぞれ胸に刻まれることを願って、いつまでも見守って下さっていると思います。

本日は貴重な時間、私のような者の話を最後まで聞いて下さりありがとうございました。これで終わります。

第9章

権力に被害を叫ぶことからはじまる水俣病 岩本美智代 解題

井上 ゆかり

1.はじめに

本章は、水俣病第2世代による国家損害賠償訴訟（以下、第2世代訴訟）の原告である岩本美智代氏（以下、敬称略）の語りから、水俣病問題の現在を伝えることを目的としている。

岩本は、1960年1月、水俣病原因企業チッソから直線距離で25キロほど離れた熊本県芦北町の女島（めしま）という漁村に生まれ、高校時代までを魚が主食とする食環境で育った。祖父母、両親、伯父は、水俣病と認定され、きょうだいは「患者」でなく「何らかの有機水銀の影響がある『被害者』」とされる各種救済手帳を取得している。そうした環境のなかで岩本は、「水俣病とは関わらない」ようにして生きてきた。しかし2007年、国・熊本県・チッソを相手取り、1人1,600万円の損害賠償請求の訴えを熊本地方裁判所に提出した。2014年の熊本地裁判決において、岩本の症状を水俣病と認め、チッソに対して220万円、国に対して熊本県・チッソとの連帯で110万円の損害賠償を支払うことを命じた。つまり、低額であることの議論はさておき、司法によって水俣病被害（損害）が認められたのである。被告である国・熊本県・チッソは、これを不服として福岡高等裁判所に控訴したため、岩本は現在も「自身が水俣病であることを立証する」=「水俣病の被害を訴え続けなければならない」状況にある。

こうした訴訟の報道において、実名を公表するかどうかの意思は自身の差別を受けた経験や家庭・職場環境によるところが大きい。岩本は、今

回の語りに至るまで実名を公表したことはなかった。その理由は、お見合いで女島出身ということで断られたこと、他県の人と結婚した親族の子どもの足が変形していたのを水俣病と関係があるのではないかと責められたことで痛烈な水俣病差別を親族間で共有した経験から、子どもの進学や結婚に対する差別を避けてきたからにほかならない。ここで紹介する岩本の語りは、熊本学園大学社会福祉学部福祉環境学科1年の福祉環境学入門という授業の1泊2日のフィールドワークにおいて、2017年6月24日に水俣市のおれんじ館で学生たちの前で語っていただいたものである。2年前に同様の依頼をした時、学生たちの前で水俣病を語ることで子どもが差別を受けるのではないかとの理由で断られたが、今回は子どもが他県に進学し、子どもと同じ世代の学生に向けて水俣病を伝える必要があるとのことで快諾いただいた。旧姓ではあるが名前を出し、水俣で水俣病を語る、人前で被害をさらけ出すことの意味について最後に触れてみたい。

2. 水俣から北に25キロ離れた漁村

岩本の生まれ育った女島は、行政区名は沖（おき）といい、熊本県葦北（あしほく）郡芦北町に属している。芦北町は、熊本県の南部に位置し、西は不知火海に面し、佐敷川・湯浦川の河口に近世の干拓地がある以外は、出入りの多いリアス式海岸で、その入江には多くの漁村集落が点在している（図9-1）。隣接の市町村としては、東は球磨村、北西は不知火海（八代海）を挟んで天草市に対し、南は津奈木町と水俣市、北は八代市と接している。

明治前期の資料[注1]によれば、女島は国道3号線より内陸部にある松﨑、谷の川などといった農村部も含んでおり、住民にとって女島は、「漁村」ではなく「農村」として意識されていたのではないかと推測できる。沖(おき）という行政区名は、沖が海に突き出た岬の形をしており、岬のふもとの釜・小﨑からみると海のほうにあたる。そのため、釜・小﨑の人々が京泊(きょうどまり）や牛ノ水(うしのみず）のことを沖と呼んでいた。これ

注1　『稿本 明治前期 熊本縣町村字名 分類索引Ⅷ八代・芦北篇』熊本地名研究会、1989年。

が地名の由来だという。いわば、一般名称だったものが行政区名として採用されたのである。

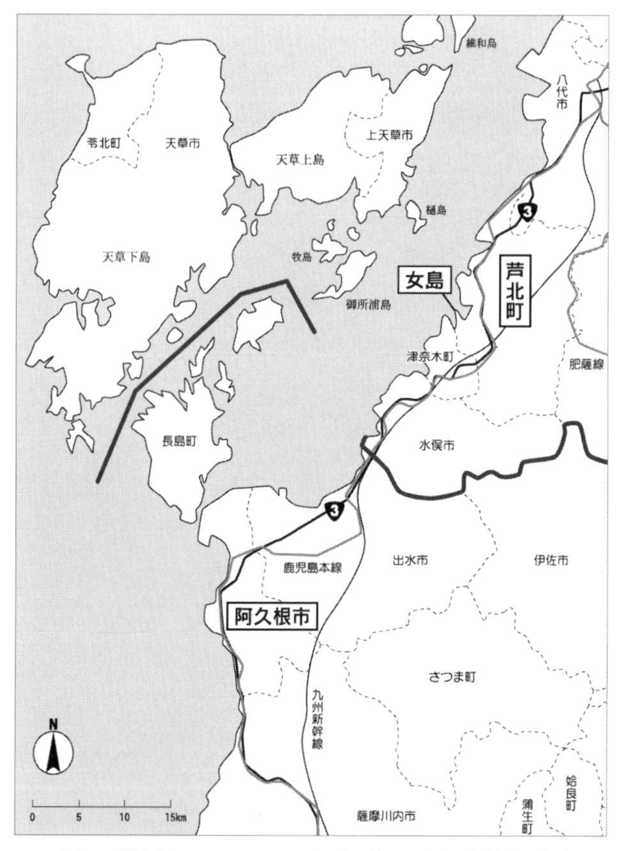

出典：「熊本県1：220000」ユニバーサル横メルカトル図法より作成。

図9-1　不知火海の中心に位置する女島

沖行政区は1947年に制定され、水俣病の原因企業チッソ水俣工場から直線距離で25キロ離れた場所にある。沖行政区は、後述する巾着網漁時代から個人漁時代、漁業だけで生計をたてる漁村であった。沖行政区は、京泊、牛ノ水、池尻（いけのしり）、東泊（こちどまり）、天口（あまくち）

という5つの小字で構成されている（図9-2)。「大ノ浦」（おおのうら）という小字は、地図上では京泊に含まれているものの、住民たちは京泊と区別して呼んでいる。そのため、地図には大ノ浦を表記した。本章では、対象地域の牛ノ水、京泊、大ノ浦を「女島」、西岸部の池尻、東泊、天口まで指す場合に「沖行政区」と区別して論じる。

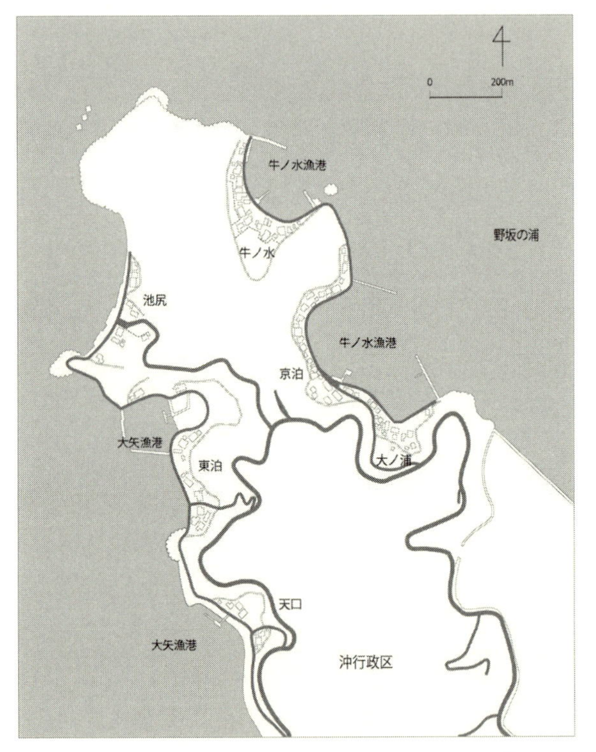

出典：「芦北町基本図 13・17」熊本県葦北郡芦北町、2005 年と『熊本縣漁港一覧』熊本縣経済部水産課編、1954 年より作成

注記）牛ノ水漁港と大矢漁港は、1950 年漁港法が制定され第 1 種漁港に指定されている。牛ノ水漁港の陸域は牛ノ水から大ノ浦までで水域は水際線から幅 25 メートル以内の地域。大矢漁港の陸域は池尻北端から津奈木町の長浜北端まで、水域は津奈木を除く水際線から幅 30 メートル以内と定められている

図9-2　沖行政区

2010年の住民基本台帳によれば、沖行政区の世帯数は55、人口は230人であり、そのうち筆者が確認しているだけで121人が水俣病と認定されている。牛ノ水、京泊、大ノ浦の世帯数は33、人口は110人で、水俣病認定患者数は筆者が確認しただけで65人にのぼる。牛ノ水、京泊、大ノ浦の世帯数は1959年当時の36から現在33となっており、あまり変化はみられない。牛ノ水、京泊、大ノ浦の世帯について、4親等以内に認定患者がいれば赤、各種救済手帳のみであれば青で地図上にマッピングしたところ、36世帯すべてが赤に染まった漁村である。

3.女島での水俣病

少し頁をさくことになるが、岩本美智代の語りを理解するため、女島での水俣病事件の歴史のなかで第1号患者から次の患者が認定されるまでの経緯について触れる。

1959年9月女島の隣村に位置する津奈木村の漁民が発症し、同年9月、沖行政区の網元である緒方福松が発病した。緒方福松は、日を追うごとに病状が悪化し、約2カ月後の11月27日に死亡、水俣市立病院で解剖の結果、1959年12月16日に熊本県によって水俣病と認定された。

緒方福松は沖行政区の巾着網漁の網元の一人であったが、その死について、京泊の網子であった松﨑忠男(岩本美智代の叔父、水俣病認定患者)は次のように述べている。

> そのときはよその人が水俣病にかかったような感じを受けたですもんね。「水俣病ちゃ何だろか」「奇病ちゃどげんとやろか」ちゅうような時期ですから。私らは福松つぁんが亡くなったからといって、チッソが憎いとか思うたことはなかったです正直なところ。生活が苦しくなったり、患者が増えてきたりしたら、私たちも実感がわいてきたということですなあ[注2]。

注2 井上ゆかり採録、阿南満昭編「芦北漁民 松﨑忠男：女島聞き書」『水俣学研究』熊本学園大学水俣学研究センター、1号、2009年、p221。

また、岩本美智代の父である岩本廣喜（水俣病認定患者）は「家族は水保病との発表をしないよう病院に迫った。それは（略）漁民から水保病を出すと魚価暴落につながる恐れがあったから」と記している[注3]。沖行政区の漁民にとって緒方福松の死は他人事、いいかえれば自分や身内の人間がよもや水俣病に罹る可能性があるとは思ってもいないのである。

一方、緒方家の反応は、福松の死を緒方家の中に限ろうという意識、漁業、ひいては沖行政区の漁民に迷惑をかけまいとする意識のあらわれだといえる。いいかえると、緒方福松の死を個人的あるいは家族的な次元にとどめようとしているのである。このときの沖行政区の住民の意識を全体としてみれば、自分たちも水俣病になる可能性が高いということよりも、魚が売れなくなるという意識のほうが強かったものと考えられる。

岩本美智代の伯父である小﨑弥三の場合、1964年頃から足のもつれが出現、1965年には小﨑網を続けていくことができなくなり、1970年に水俣病認定申請をした。このときの小﨑弥三の状況は次のように書かれている。

> 介助なしには日常生活も不能、とくに歩行障害が強く、両側から支えられても両下肢を伸展させつっぱってわずかに小刻みに足を前へ出し、体は全く安定を欠く[注4]

「体は全く安定を欠く」状態となるまで水俣病認定申請をしなかったのはなぜだろうか。1959年に緒方福松が水俣病認定されて以後、新たに水俣病認定申請をするものはほとんどおらず、1970年当時は、川本輝夫[注5]

注3 岩本廣喜著『海録 女島に生きた漁民』熊本学園大学水俣学研究センター、2015年。

注4 水俣病研究会『認定制度への挑戦』水俣病を告発する会、1972年、p29。

注5 川本輝夫：1931年8月1日生。1968年に水俣病認定申請するが翌年棄却され、行政不服審査請求を行い、1971（昭和46）年環境庁裁決で棄却された9名が水俣病認定された。一任派、訴訟派、潜在患者に関わらず、家々を一軒一軒訪問し申請をすすめ、医師などを呼び診察してもらうなど未認定申請運動の先駆者である。沖地区において聞き取りをするなかで、氏の信頼度がいかに厚かったかが伺えた。

が、1人でこつこつと潜在患者の家々を訪ねては申請を勧めて回っていた時期である。小﨑弥三は一度棄却処分されているが、川本が原田正純（医師、水俣学創設者）を沖行政区に案内し、小﨑弥三の診察をしてもらい、行政不服審査請求を行い水俣病として認められた。このとき申請した動機について下記のように記されている。

> 小﨑弥三の妻女によれば、ちゃんとした病名がつけば申請しないのだが、何の病気でしょうかという意味の問いをしたところ、大塚医師は『はっきりした病名はわからない。水俣病の診察もしてもらったらよい』という意味の答えをしたという。なお、認定のための検査の際はさまざまな検査の度ごとに呼び出しがある。家からかなり離れた道路まで、3人がかりで患者をはこび、タクシーに乗せ、水俣市立病院に運ぶのだが、片道1300円はかかるのであり、見かねた湯浦町役場は、1度だけ1万円の扶助をしたという[注6]。

「ちゃんとした病名がつけば申請しない」という妻女の意識、町がタクシー代を扶助していることなどをみると、この当時水俣病患者が出たといって魚が売れなくなるという事態はなかったことから、社会に対して遠慮しなければならないという雰囲気はそれほど強くなかったようである。しかし、小﨑弥三が1971年に認定された後、認定申請者が急増する事態になると、水俣病はふたたび社会的な偏見や差別にさらされることになった。

沖行政区では、1959年に緒方福松が水俣病認定された以降、1969年と1971年に2名が胎児性水俣病として認定されるまで10年もの間、誰ひとりとして水俣病認定されていない。この胎児性患者が認定されるまでの11年間、被害者たちは訴えることもできず、社会によって「深き淵」[注7]に沈められていた。たとえば、『松﨑聞き書』では「自分の体がおかしいと

注6 水俣病研究会『認定制度への挑戦』水俣病を告発する会、1972年、p29。

注7『縮刷版 告発』東京・水俣病を告発する会、創刊号、1969年7月25日。

思うようになったのは、申請する10年前からですね。歳が若いのになんとなくしびれを感じる」[注8]と述べている。症状があり、網元の小﨑弥三の病状を見ているにもかかわらず10年間黙っていたのは、松﨑忠男の個人的な理由によるものではなかった。

水俣病の人的被害を、公的な認定患者の発生としてみた場合、沖行政区の人的被害は1971年10月6日に小﨑弥三が認定される前までは3名のみということになる。この3名の背後に沖行政区に多数の被害者がいることは、小﨑弥三が水俣病認定された以降に顕在化していった。

1968年9月に政府が水俣病の公害認定を行った後、1969年6月に水俣病患者家庭互助会によっていわゆる水俣病第1次訴訟が提訴され、1970年には川本輝夫らが行政不服審査を請求する。

川本輝夫たちの行政不服審査請求において、1972年、上記診査協議会の認定棄却処分が取り消され、18名の患者が新たに認定された。小﨑弥三もこの時に認定された患者の1人であった。この決定は、従来の水俣病認定基準が緩やかになったと評され、これ以降、水俣病関連訴訟や認定申請運動が巻き起こり、認定申請者が激増していった。

このような情勢の中でも当初、女島の旧湯浦漁協は、他の地域の漁協と同様に、認定申請をしないようにという圧力を組合員にかけ「患者隠し」をしていた。ところが、水俣を中心にして認定申請は運動としての広がりをみせはじめた。そのような状況の中、沖行政区においても認定申請をする人たちが少しずつ出現しはじめた。しかし、これらの人たちは、とくに隣近所に公言して申請するわけではなかった。誰が申請し、誰が認定されたのか、近所同士でも知らないという事態が起こってきた。このことは沖行政区に思わぬ結果をもたらすことになった。『歩み』には次のように書かれている。

注8　井上ゆかり採録、阿南満昭編「芦北漁民 松﨑忠男：女島聞き書」『水俣学研究』熊本学園大学水俣学研究センター、1号、2009年、p221。

女島（沖）地区でも同家族の中でも認定と棄却に分かれた。中でも漁協の申請控えの指導を守り病状が悪化し、検診時、検診医の要望通りの行動が出来ず、そのため棄却される人や、他の病気がありそのため棄却や保留になる人達が多く出た。同じ仕事をして同じ生活をしながら一方で認定、方や保留や棄却となり、それまで団結し助け合ってきた部落の雰囲気が壊れ始めてきた[注9]。

今まで部落内では何事も話し合い、一致団結して事に当たってきたが、この事によって部落内の空気は疑心暗鬼になって[注10]部落内部の「一致団結」が崩れはじめたのである。一方で、1972年11月頃に、鹿児島県出水市で漁協理事をしていた小﨑弥三の実弟の香月源吾が水俣病認定申請について岩本廣喜たちに次のような助言をしたという。

自分の近所で魚商をしている柴田という人が水俣病で水俣市立病院に入院しているのを漁協幹部が水俣病隠しのため連れ戻し、その後家族と漁協との間で問題化し漁協側は責任問題で大変困ったのでお前達の漁協でも申請を余り押さえたら困る事になるだろう[注11]

この助言と先に述べた疑心暗鬼の状態があり、それを打開すべく旧湯浦漁協は1972年11月の組合理事会で「今後組合員の申請は自由でこの際具合の悪い人達は一斉に申請[注12]」することを決議した。そして翌1973年1月から診察してもらった人から水俣病認定申請をはじめていった。

ここからが沖行政区での未認定運動の始まりでもあった。岩本美智代の父、岩本廣喜は、1974年に水俣病認定申請患者協議会の初代会長、1975年7月に水俣病認定された。認定された年の8月には、認定患者協議会(患者連盟の前身）を発足させ会長に就任し、「患者同士の融和と未認

注9　岩本廣喜著『海録 女島に生きた漁民』熊本学園大学水俣学研究センター、2015年。

注10　岩本廣喜著『海録 女島に生きた漁民』熊本学園大学水俣学研究センター、2015年。

注11　岩本廣喜著『海録 女島に生きた漁民』熊本学園大学水俣学研究センター、2015年。

注12　岩本廣喜著『海録 女島に生きた漁民』熊本学園大学水俣学研究センター、2015年。

定患者の支援」に努めていった[注13]。

このように沖行政区の漁民たちは、「患者隠し」、「第1号患者から10年間の沈黙」の時代を経て、水俣病を「身体的な病い」という医学レベルのみならず、「政治、経済、権力という社会的な病い」という広がりをもった認識を持つことになったのである。

4.権力に被害を叫ぶことの意味

水俣病被害は、こうした女島における患者たちの沈黙せざるを得なかった歴史のなかに重畳している。そのため被害を立証しようとすれば、家族や地域の歴史を知らなければならない。しかし、未認定運動が他の地域より活発であった女島においてさえ、家族や地域内で水俣病、つまり、女島において、だれが認定申請しどのような闘いの末に「患者」、「被害者」に分断されたのかの歴史は語り継がれていない。

その理由は2点ある。1点目は、1956年に水俣病公式確認の契機となった患者を保健所に届け出てから、1968年に「公害、水俣病」として国が認定するまでに12年も要したことで「加害」と「被害」の立場を明確にできなかったことが大きい。さらには、1973年に補償協定書が締結されるまで社会的に「患者」として認められておらず、社会の偏見が深まったともいえるのである。

2点目には、緒方福松や小崎弥三の急性劇症型水俣病が「水俣病」であって、被害があったとしても漁業をともに操業していた親たちの世代までで自分たち世代には関係がないという認識がある。熊本県教組が組織的に水俣病授業を設定したのは、第1次訴訟判決後の1973年であった[注14]ため、岩本美智代たち子ども世代は水俣病を知らずに誹謗中傷や結婚差別、公的検診における感覚障害検査で「ダニで食われた跡」が残るほど「これでも分かりませんか」と医師に針でつつかれる人権侵害を経験している。

注13 岩本廣喜著『海録 女島に生きた漁民』熊本学園大学水俣学研究センター、2015年。

注14 広瀬武「私にとっての水俣病」『部落解放研究くまもと』熊本県部落解放研究会、1994年、p7。

また、未だ「水俣病とは何か」が争われ「病い」そのものが社会的病いとなっており、被害のただなかにあるため家族内で水俣病を語るまでは至っていない。このことが若い世代の水俣病そのものに対する拒絶につながっているのである。

水俣病のことを語れないのは、地域にとどまらず、家庭内においてもそうである。不知火海沿岸でみれば、とくに水俣市でその傾向が強い。2007年に認定された患者の自宅に、「いつまであんたどま騒ぐとか」、「そんなに金が欲しいのか。被害者のふりして。もうやめんか。」と数回にわたり電話があった事件が発生した[注15]。訛りから水俣市民であることが予測でき、「患者」に「被害者のふり」をし「金欲し」さで「騒ぐ」なと何度も電話をする行為は暴力でしかない。こうした水俣市内で実名を出し「患者」と名乗ること、さらには認定後も「訴え続ける」意味は何だろうか。

第1次訴訟の原告団長を務めた渡辺栄蔵は、提訴日、原告団家族に対し「今日ただいまから、私たちは国家権力に対して、立ちむかうことになったのでございます」と挨拶した[注16]。また岩本廣喜は、熊本県によって水俣病と認定された際、「公害企業『チッソ』に対する1人の被害者として発言権を得た」と日記に記している[注17]。水俣病事件史において水俣病であるか否かを問うことは、「国家権力」そのものとの闘いであり、行政によって「病い」が認められることは「被害者」と認められることであり、さらにチッソへの「発言権を得」るものと認識されていた。岩本美智代が、裁判を通して「父の思い」、「きょうだいの苦しみ」、「女島のみんなの思い」を伝えると語るように、単に水俣病か否かを問う個人的な訴えにとどまらず、家族や地域を代表する意識があるからであろう。

羽江忠彦が「『差別をなくす』という考え方は、被差別の人たちが被差別の立場だという自覚を持ったときから始ま」ると指摘するように[注18]、水

注15「西日本新聞」2014年6月8日、朝刊、33面。

注16『縮刷版 告発』東京・水俣病を告発する会、創刊号、第24号、1971年、p7。

注17 岩本廣喜著『海録 女島に生きた漁民』熊本学園大学水俣学研究センター、2015年。

注18 羽江忠彦「水俣病と差別：部落差別とかさねつつ」『部落解放研究くまもと』熊本県部落解放研究会、2008年、p 86。

保病患者も名前を出し被害を自覚し訴えることからしか始まらない。実名を出し水俣病被害を訴える者にとっては、家族や地域を代表する被害であるからこそ、叫ぶほどの勇気と労力を要し、個人が認定されてもなお訴え続けるのであろう。彼女たち世代の水俣病はここからはじまり、新たな患者たちの路をつくるのである。

第10章

被害の現場に身を置くということ
水俣学の構築の経験から

花田　昌宣

1.はじめに

この章では、原田正純氏の提唱によって「水俣病という人類の負の遺産、公害の経験を将来に活かす」という趣旨で始まった水俣学という新たな学を構築しようとしてきた営為の中で考えてきたこと、感じたことを述べることとする。水俣学については、これまでいくつもの著作も刊行されており、また熊本学園大学水俣学研究センターのホームページでも情報を発信しているので、それらを参照していただきたくこととして、ここでは繰り返さない。

なお、この文章は、2014年8月19日、日本教育学会全国大会において講演する機会があり、その際に報告要旨として提出したペーパに大幅に加筆したものである。

水俣病の経験を伝えること、語りつぐこととは何か、から論を起こして、水俣病事件の分かりにくさと現実に触れ、改めて被害とは何かを検討し、水俣病に関わろうとする人々に何が求められているのかを述べていきたい。

まず、本論に入るまえに、学会で話したことの要旨を述べ、私が考えていることを要約する。これは本論では書き得なかったことを直截に述べているので本論理解の参考となるかと思い掲げることとする。

係争中の課題である「水俣病事件」の被害とはなんだろうか

フランスの社会学者、ミシェル・ヴィヴィオルカ[注1]によれば、戦争の被害者とは賠償を求めることではじめて被害者となる。水俣病においても同様のことがいえそうだ。すなわち、水俣病はチッソを加害者とする傷害殺人事件であるが、被害の賠償を求めるにあたっては「被害者の側がみずからを定義しない限り、水俣病の被害者としては登場し得ない」。しかしながら、いまなお水俣市内でチッソを批判するということがどれだけ厳しいことかということを考えれば、被害者がみずからを定義することの困難さは言うまでもない。それゆえ、水俣病被害を伝える、語り継ぐということはそもそも、決して簡単なことではないのだ。そしてこうした事態は原発事故後の福島においても全く同様に生じてくることであると思われる。

水俣病の患者さんに会いにいくということの意味

私が水俣病問題と取り組みはじめたのは名古屋で学生生活をしていた頃でありそれから40年以上になる。まずは、水俣や芦北出身の患者さんのお宅を手探りで訪問していったが、当初は「お前は何をしに来たのか」といわれ、何度も通って話を聞かせてもらうというところからはじめていった。現在は水俣市立水俣病資料館に行くと語り部さんに会えて、簡単に語ってもらえる。学校の教師はそうしたところに生徒を連れて行って、分かったつもりになって帰ってきてしまうが、それは非常に危ういことであると言えないだろうか。

語ること、伝えること、そしてそれが引き起こすものについて

1969年に提訴された水俣病の裁判が進む過程で支援運動が全国的に展開されたが、その中で田中敏昌さん、松永久美子さん、上村智子さんといった重篤な姿を示す水俣病患者の写真が掲げられることが多かった。このような悲惨な公害を起こしてはならない、この被害の償いをせよという主張のための写真パネルであった。そうした運動は患者ひとりひとり、そし

注1 ミシェル・ヴィヴィオルカ、『暴力』新評論、2007年、「被害者の登場と贖罪の機制」の章。

てその家族の思いをどれだけ抱えながら、そしてその思いを出しながらそれらの写真を掲げていたのだろうか[注2]。この問題は、「何を伝えるのか、何を切り取るのか」ということの根源に関わるものである。

胎児性水俣病患者である上村智子さんの入浴シーンを撮影した写真家ユージン・スミスの「母子像」という有名な写真についていえば、ご家族は智子さんを24時間抱いて育て、ひとときも休むことはなかった。そうした日々の生活の中で彼女は育ってきた。その智子さんを母の良子さんは「この子は宝子です」とおっしゃった。そうした中で、水俣病被害について誰が何を語るのかという問いを発した時、それはまさにご両親が智子さんと22年間そうやって生きてきたことを通して語れるとしか言えないのではないか。物ごとを語り伝えていくというのは、写真も一つのツールではあるが、そのような生のありようにまで思いをはせなくてはならないだろう。一つ一つの事実や出来事というのは、その時代に規定されて生起するとしても、これを100年後に伝わるような形でというのが水俣学の主張の一つであり、そのときに何を伝えるのかを考えていかなければならない。

また、私が1994年に熊本学園大学に赴任して、水俣を訪れるようになった当初、湯堂の患者宅を訪ねても「よく来てくれたけど、話すことはありませんよ」と言われた経験がある。行っては少し話をして帰るということを繰り返しても、胎児性水俣病の子どもを持つ親の思いや水俣病の患者自身の思いは簡単には出てこない。それは、言語化できないと言ってもよいのかもしれない。

自分自身を振り返ってみれば、私自身も早い段階から水俣に関わっているため、最近は若い研究者から、水俣病の事件史や支援運動の「調査対象」になることもあるが、何か聞かせてくださいと言われても、自分自身の経験や感じていることはそう簡単には話さない。それは患者さんとその家族に通底する「分からない者には話したくない」という思いである。そうした思いから考えれば、患者達に安易に「語って欲しい」と言うことそ

注2 田尻雅美「胎児性水俣病患者の表象」『部落解放研究くまもと』54号、2007年10月

のものが酷なことだと言える。

さらに、ここには何を伝えるのかという問題も含まれている。語り伝えるという時、伝える側は伝わることしか語らないということが生じる。それは分かるように伝えるということであるが、それによって話は変わっていくことになるだろう。

固有名詞で語る水俣の世界

水俣病問題に入るときの難しさとして、固有名詞で語られるということがあげられる。石牟礼道子さんの『苦海浄土』にも仮名で登場する患者さん達ひとりひとりに名前がある。そして患者さん達だけでなく、あの人は誰の息子であるとか親戚であるとか、そうしたことを水俣の人びとは大体把握している。そうした人間関係の濃厚さ一つ一つが分からないと、水俣というのは分からない。この意味では、水俣学はディシプリンのあり方を文化人類学と同じくしているところがあるのかもしれない。参入障壁の非常に高い町、高いテーマとして水俣と水俣病はあると言える[注3]。

記憶を伝えるということについて

語り伝えるという時、水俣病の記憶を伝えるということになる。しかし、京都大学の加藤剛が述べるように、「記憶とは事件が終わってからはじめて語ることが出来るものである」とすると、水俣病とは果たして語ることが出来るのだろうか？　現在でも8つの裁判（新潟水俣病を入れると11つ、2017年6月現在）が続き、行政や国との交渉も継続中である。それゆえ、水俣病の記憶はどんどん作り替えている最中としか言えないなかで、水俣を見ている私たちが何を次に残すものとして語っていくかということを改めて考えなければならない。

注3　岡本達明『水俣病の民衆史』全6巻、日本評論社、2015年でも水俣病患者はじめほとんどの登場人物が実名で登場する。匿名あるいは仮名では語ることのできない世界を描いていると言えようか。

具体と個別からはじまる水俣学とその課題

私たちは経済学、法学、医学、社会福祉学などが寄り集まった水俣諸学という感じで水俣学を進めている。ひとつの地域にひとつの事件にひとつの場所にひとつの人に焦点を当てながら、付き合って、書いていく。そしてそれをひとりひとりの人に、そして地域に返していく。点としての被害者、面としての社会や被害地域に返していくことを念頭に置きながら調査研究を進めている。森有正が個々の体験を反省を経て経験に昇華していくと語るように、患者さんひとりひとりが、そして私たちひとりひとりが、「誰々の水俣病」ということでしか語り得ないものを分かった時にコミュニケーションができるであろうし、それをさらに人に伝えていけるだろうと考えている。

ここまで述べて本論に入っていくことにする。

2.教育実践報告へのいらだち

学校教育現場での授業実践への取り組み（新たなステレオタイプ）に関する私のいらだちから述べることにする。私は、水俣病以外に、障害者問題や部落問題の調査研究に長年関わっていることもあり、熊本県内外の人権研修で学校の教職員に講話を求められる機会は少なくない。その際に主催者からしばしば求められるのは、暗い話、つらい話ばかりではなく、子どもたちに未来を展望する明るい話も入れてほしいということである。気持ちは分からない訳ではないが、釈然としない点が多い。

水俣病や公害教育の実践報告や教案例などを見ていると、おおよそ次のような構成になっていることが多い[注4]。これは小学校でも中学校でも大枠は変わらない。

まず、はじめに、水俣病の発生原因と経過を理解させる。水俣病はどのようにして起きたかを、チッソの廃水、食物連鎖、場合によっては見舞

注4 一例として、小林朋広「人権意識を高めながら、公害から生活環境を守ろうとする子どもを育成する社会科学習指導の工夫」『教育実践研究』第21集、201

金契約などの教材を用いながら理解させる。次いでそれを、患者の話、つまり患者の苦しみへの共感的理解と患者の闘いに学ぶことへと展開する。ここでは映像や写真、あるいは聞き書きの記録などが使われる。その上で、水俣病を繰り返さないためにどうしたらいいかへと授業が展開される。そこでは環境モデル都市水俣の取り組みや「もやいなおし」の経験をまなび、環境保全学習の大事さを学ぶ。おおよそ、このようなストーリー（「過去と現在と未来を語る人権教育…」）として組み立てられるのである。理解されやすいシェーマではあるが、私のいらだちは、そのことが、いかに水俣病の事件史とその現在とが乖離しているのかという点にある。

たしかに、同和教育において部落問題学習をすると、その後から教室内での差別的言辞が広がるということはよくある。従って、差別の苛烈さだけを語ることは、逆に子どもへの差別心を植え付ける可能性があるので、プラス面の話もしていく必要があろう。しかしながら、水俣病の負の経験を将来に活かすことが、ごみ21分別に始まる環境モデル都市づくりなのか。「もやい直し」というけれども、その実際の展開がどのようになされているのだろうか。たしかに、かつての対立を乗り越えて市民の間のもやい直しをしようという試みは、水俣市で初めて水俣病を前面に出しての取り組みであった。この点は水俣においては重要なことであった。しかし、だれとだれとが対立していたか。ましてや、つい数年前まで「チッソと水俣は運命協働体」という地元政治家の看板が堂々と立っている町であるということを分かっておられるのだろうか。水俣病をめぐる訴訟や被害者の運動がまだまだ続いていることを分かっておいでなのだろうか。水俣病の認定申請することがどれほどの勇気と決意を要することか[注5]。

注5　熊本県庁が認定申請者に対して出す公文書には「水俣病審査課」など水俣病と分かる差出人記載はない。これは申請者から、封筒に「水俣病」と書かれていると近隣に知れるので書かないでほしいという要望に応えたものという。

3.語り継ぐことと分かりにくさ

水俣病を伝える、語り継ぐとよくいわれるし、そのための水俣市立水俣病資料館の語り部等も活動しておられる。だれが何をどのように語るのかという問いはいったん横においておく。しかしながら、水俣病患者や家族たちと話していて感じることは、水俣病事件ははたして語りつがれているのだろうかということである。まず、水俣病の患者運動を担った第一世代が、家庭の内外で子どもに語っていない[注6]。子どもは親の背中を見て育っているとはいえ、親の世代が何のために何にあらがっていたのか伝えられていない。水俣病患者家族においても比較的若い世代に水俣病に対する忌避感も強い[注7]。

私の大学には水俣・芦北地域出身の学生が毎年入学してくる。名前を聞けば、患者家族であり、孫にあたることが分かることもある。そこで当の学生に「あなたの家族では水俣病のことは話題になることがあるか」と聞いてみると、自分の祖父母が水俣病であることはうすうす気がついているもののよく知らないという。家庭では、水俣病の話をすることもあるが、たいていはひそひそ話で子どもの私には分からないなどと答える。水俣病被害者であるということが差別の対象になるという現実がそこには横たわっているのだが、それにしても語られていない。このような現実を傍らにおいて、だれが何を語り継ぐというのだろうか。何がどう話されているかは、ことは、地域外から来る人たち、地域内の人たち、そして家族内と区別して考えないといけないことが分かる。

これは戦争経験、被爆体験などが語られていないことと通底するのかも知れない。あるいは、被差別部落の家庭でもなかなか語られることがないということと共通しているのかもしれない。被差別部落出身であることを子どもにどのように伝えるのか、明らかにされることが被差別の存在で

注6『水俣病問題のいま』(部落解放人権研究所、差別禁止法ブックレット、2017年

注7 井上ゆかり「生活現実としての水俣病被害」水俣学研究センター編『水俣からのレイトレッスン』熊本日日新聞社、2013年、第4章。

あるという現実を前にする時、容易なことではないことがわかる[注8]。さらに本当につらいことは他人には語らない。伝わるように言葉を発したとたんに聞き手に理解されやすいように、意図するとせざるとに関わらず、語りは変容を遂げていく。

水俣病事件への参入障壁

その一方で、私が常々感じていることは、水俣病事件への入りにくさが、「水俣病は固有名詞で語る」という暗黙の了解があるのかもしれないということである。聞き手、受け止め手の問題ではあるが同時に水俣病について知りたいという欲求を持つ人々のまえに壁のようにそびえ立つ。患者や医者や行政官の名前であれ、漁場など地名であれ、訴訟や交渉などの事件名であれ、経験は固有名詞で紡がれていく。それは石牟礼道子の文学作品や土本典昭の映画作品以来一貫しており、それが重みを持ってきた。研究者であれ、あるいはメディア関係者であれ、水俣病に何らかの形でコミットしようとしてやってきたレイトカマーにとっては、この「固有名詞」は大きな参入障壁になる。このことは「知ったかぶり」を拒否するかのように立ちはだかる。逆に言うとこのジャーゴンのような「固有名詞」を一定習得すれば、一歩踏み込めるのだが、この「固有名詞」がもつ一つ一つの歴史を会得することは、所詮入口でしかない。その上で、研究者にとっては、かつて土本典昭が映画の題名に冠した「患者さんとその世界」に接近し得たとしても、その襞の一つ一つに肉薄していくことは容易ではない。そうこうしていると、「論文」には書き得ない世界が広がっていく。

今ひとつ触れておこう。水俣病に関しては数多くの書物があり、熊本学園大学水俣学研究センターでも様々な記録、証言、研究成果を刊行している。すべてに目を通すべきだとはいわないまでも、現地に足を運ぶこととあわせて、先行する文献に目を通してほしい。ただ、印象的な言い方になるが、水俣病に関する入門的な書物はいくつかあるが、その次にいた

注8 谷本昭信『冬枯れの光景』上、解放出版社、2017年7月、第1章に筆者自身の体験をふまえて、叙述している。

る書物は少ない。そのいっぽう、若手の研究者も少しずつ登場してきているし、水俣病に関する社会科学的な研究も出ている。ただ、水俣病事件上の事実に即した研究がどこまでなされているかというといささか心もとない。例えば、『水俣病事件資料集』上下巻、葦書房、1996年という水俣病発生初期からの資料集があるが、なかなか使われていない。研究を志すのであればせめて傍らにおいて欲しいと思う。

水俣病の日付

さらに、2011年3月11日の東日本大震災とそれに続く福島原発事故と重ねて言うと、水俣病の総体には、「2011年3月11日」というような初発の日付がない。水俣病の発生の公式確認とされている1956年5月1日でさえ、かなり後から「命名」されたもので、長い間水俣病患者の最初の発生確認は「昭和28年」であり、それさえも後に水俣病と診断されたMTさんの発症の年であった。つまり、あるのは、初期の段階で何月何日、誰々が発症したという個人にとっての日付である。ところが、今日ではそれさえも曖昧である[注9]。

これは「記憶」される水俣病という観点からは重要なことであろう。水俣病事件がなお進行中であり終わっていないということから考えてみれば、歴史事象としての初発は不断に再構成されるということに他ならない。記憶とは不断に作り替えられていくものであって、記憶が確定するのは事件が確定、終焉してからである。

水俣病事件の現在

水俣病の患者数はいったいどれほどいるのか、あるいは水俣病の被害者は何人いて、どれほどの地理的広がりをもって分布しているのか。だれ

注9 このMTさんは第一号患者とされている。昭和31年に「水俣奇病」と診断されたときに発症の日付が確認された。しかし、初期の水俣病患者の診察記録によると昭和17年発症という例もあるが、カルテ等が残っていないため、発症月日不明とされているにすぎない。

も正確に答えることはできない。それそのものが係争課題であるからである。

公的に水俣病と認められた認定患者は約2300人。ところが、2010年に公布された水俣病特措法に基づいて、2012年7月締め切られた水俣病救済策への給付申請者は3万5千人を超え、従来からの手帳の切り替え申請者を加えると6万を超えた。このうち救済対象と認められた人数は5万人をはるかに越えるといわれている。ただ、この給付申請のための条件は、不知火海沿岸に居住歴があり魚貝類を多食していたこと、水俣病に特有の感覚障害があることである[注10]。そして、その一方公害健康被害補償法に基づく認定申請者数は2,000名近くにのぼり、訴訟9件[注11]（新潟を加えると12件）がなお係争中である。そのいずれにおいても、「水俣病」とは何かが、発生の公式確認（1956年）から60年以上経過してなお、争われている。

その一方で、これまで、訴訟の場では、加害企業のチッソは断罪され（1973年賠償責任確定、1988年、元社長、元工場長が最高裁で禁固刑確定）、行政（国・熊本県）の責任も法的に確定し（2004年、水俣病関西訴訟最高裁判決で賠償責任確定）、さらに水俣病の認定基準をめぐる訴訟で、国が1977年に定めた判断条件について国の敗訴が最高裁で確定（2013年）している。したがって、もはや争いの余地がないはずにもかかわらず、いまだ被害者の運動は継続しているのである。

このような叙述は水俣病事件の現在を理解するためにはどうしても欠かすことのできない必要な事実関係ではあるが、それだけでは、半世紀以上にわたってきた水俣病の経験とその現在を描いたことにはならない。

注10 医学的には、「軽症」であっても水俣病である。さらに2013年の水俣病認定を求める行政訴訟の最高裁判決では、有機水銀の暴露歴と四肢の感覚障害が認められれば、水俣病であると認めうるとした。

注11 国家賠償請求訴訟が6件、認定義務付け訴訟が2件係争中である。（2017年6月時点）

4.被害論から:個体の被害に社会が宿ること

水俣病が引き起こした被害と何か。そのことそのものが長きにわたる係争課題であり続けている。重篤な健康被害や胎児性水俣病の経験は、確かに耳目を引くに値する深刻な事態であった。いのちを無視し、経済発展を優先してきた結果だとされる。

しかし、そのことは比較的軽症といわれる患者たちの健康被害（臨床症状と日常生活の困難）を覆い隠すことになった[注12]。そして、いまなお法廷の場で、有機水銀暴露と健康障害との因果関係が争われている。

水俣病認定を求める患者の一人一人が、いま、水俣病であることを示せといわれている。簡単にいえば、地域住民の多くに水俣病の特有の感覚障害やからす曲がり（手足の筋肉の引きつり・けいれん）しびれなどが見られる。しかし、それだけでは行政からは水俣病とは認められない。有機水銀の暴露を受けたこと、そしてそれが他の疾患（糖尿病や脊椎症などなど）に起因するものではないことが示されなければならない。50年前に漁貝類を多食した事実をどのように証明せよというのか。地域丸ごと汚染されていたということだけでは不十分で、個々人の証明が必要といわれているのだ[注13]。50年前に魚を漁師から分けてもらったときの領収書、これはもはや喜劇であるが、行政は大まじめに求める。

それだけではなく、一人一人の水俣病患者の生に水俣病が何をもたらしたのか、それをどのように被害として描き出すのかは未だ緒に就いたばかりである。おそらく無限の可能性を秘めていたはずの個人の人生がどのように歪曲されていったか、個人史にもたらしたものが何であったのか、

注12 原田正純、田尻雅美「小児性・胎児性水俣病に関する臨床疫学的研究」『社会関係研究』（熊本学園大学）第14巻1号、2009年。

注13 本年3月末に熊本地裁で判決が下された損害賠償請求事件では、水俣市茂道地区に住む原告団長は水俣病であると認容され、隣家に住みともに育ち食生活を共にしていた同年令のいとこは水俣病ではないと却下された。その理由は、このいとこには有機水銀暴露の可能性が低いというものであった。

水俣病が地域（漁村コミュニティから不知火海沿岸という広がりを持った地域まで）に何をもたらしたのかもまた、明らかになっていないというべきであろうか[注14]。

じつは、個々人に降り掛かってきた水俣病という被害は、近代社会の原理として個体に降り掛かるものとはいえ、その個体の被害に水俣病事件史総体の社会のあり方が宿っているというべきであろう。地域の分断、賠償金に対するねたみやニセ患者発言などの水俣病に対する差別などは、精神的被害と慰謝に閉じ込められない被害の機制を孕んでいる。

経済成長の犠牲なのか

さきに、水俣病とは経済発展を優先してきた結果であると簡単に触れた。しかし、ことはそう簡単ではない。

1956年、日本が戦後の高度経済成長に入ろうとした時に、水俣病事件が明るみにでた。それから60年間日本の戦後史とともに水俣病事件は歩みを共にすることになる。経済学の細かい話は省略するとしても、日本では企業主義的な社会が作られていく時代であり、経済的には驚異的な発展を遂げていく。重化学工業保護政策の下で、チッソが引き起こした汚染が、隠蔽され、幼稚産業保護育成策がとられていく。しかし、それが1970年前後、いわゆる4大公害裁判をはじめとして、公害問題が高度経済成長のほころびという形で取り上げられるようになってくる。その時点では、公害被害者を犠牲にしたから日本が成長出来たんだというような議論があった。そういうエモーショナルな事だけ言っても出口が見えてこない。経済政策からいうと理屈としては単純であり、国が豊かになっていく、その富をいかに分配するかが政策課題である以上、豊かさを産業投資に回し、そこからまた発生する富を国民に所得分配するという政策がとられる。じっさい、国民の生活水準は、1950年代から急激に上昇しており、これは否定しようのない事実といえる。いわば国の富がスピルオーバーる

注14 この点に関しては、花田 昌宣「日本で被害が拡大する社会経済的要因ー水俣病の経験から」『水俣学研究』第6号（熊本学園大学水俣学研究センター、2015年3月）。

というが、富があふれていって、いろんなところに分配される。それで国全体もそうだが、国民一人一人も豊かになっていくという図柄の中で、ある程度の資源配分における犠牲も仕方がないという議論になりかねない。これが公害が批判されるゆえんである。

しかしながら、それだけでは説明がつかない。

1958年5月、東京のお膝元江戸川の河口(千葉県浦安市)で、水質汚染事件が起き工場に漁民達が石を投げ込んで排水を停止させてしまう。6月には漁民・町民達700人あまりが工場になだれ込み、警備していた警察によって8人が逮捕され、多くの負傷者を出した。これは本州製紙(現在の王子製紙)江戸川工場が4月に新工程を導入したことにより、真黒い水が海に流れ込み、沿岸漁業が壊滅的になるという公害事件であった。国会でも取り上げられ、このとき、地元自治体や政府の対応は早かった。会社側は、原因物質は不明である、漁業被害との因果関係は不明であるなどと抵抗したものの、直ちに操業停止が命じられるとともに、漁業補償がなされ、同年(1958年)12月には、国会は水質二法(公共用水域の水質の保全に関する法律)を制定し、規制をかけたのである[注15]。

ところが、全く同時期、水俣ではそのような施策はとられることがなかった。水俣という、東京、日本の中枢から見えないところで貧しい漁民たちに起きた事件であるからこそ、無視されたのである。チッソの本社も東京丸の内にある。結果として、チッソは1968年に工程を停止するまで一度も規制を受けたこともなければ、漁獲規制や海産物の摂食規制もなされなかった。経済発展の裏側というだけにはとどまらない、抜きがたい地方に対する差別がそこには横たわる。

もちろん、患者たちそしてこの地域の住民たちにとっても東京は遠かった。これは石牟礼道子が『苦海浄土』などで触れているのでご存知の方も少なくないかと思う。東京は、皇居のある場所であり、政府のある場所であり、会社の本社がある場所であった。実は、水俣からは熊本県庁からさ

注15 近藤徹「河川環境行政の中にあった事実」『RIVER FRONT』(リバーフロント研究所)59号、2007年など。

えも遠かった。これは単に地理的に遠隔であるというだけの意味ではない。

1969年6月15日、水俣病訴訟提訴時の渡辺栄蔵原告団長の熊本地裁前でのあいさつは、チッソという一企業を相手取った損害賠償請求訴訟ではあったものの「今日ただいまから、私たち水俣病患者は国家権力に対して立ち向かうことになったのでございます」という言葉から始まった。1959年のチッソとの見舞金契約に至る交渉も経験してきた渡辺栄蔵氏の決意のコトバである。水俣病患者が立ち上がったとき、その向こうに見えたのは「国家」に他ならなかった。国家から切り捨てられた民であることを直観せざるを得なかった。これは単に情念の世界で論じていることではなく、事実の世界の展開が横たわっていることを理解する必要があると思う。じつは、今日に至るまでもその構図は基本的には変わっていないのではないかと感じる。

5.水俣学の提起と方法論

われわれの水俣学では、水俣病を医学の課題にしてはならないと主張してきた(原田正純ほか『水俣学講義』(日本評論社) など)。その意味は、医学研究が、水俣病研究史の中心にいたということにとどまらず、水俣病の診断や行政認定において、医学の果たして来た役割への批判であり、さらに言えば、医師が患者の意思決定を担うという現実（医療化される水俣病被害）への反省にある。水俣病に罹患すること、「水俣病患者」になるという事実的事態、水俣病事件史に照らしてみれば、決して医学的事実を踏まえていないにもかかわらず、医学がそれを独占してきたし、それこそが、係争点の一つになり続けているという事態への反省である。

水俣病に関しては、様々な分野の研究者、ジャーナリストらが調査・研究に関わっており、医学が独占していたと述べることは奇異に感じられるかも知れない。社会科学分野での研究論文や著作も少なくない。それらが果たした役割は否定できない。とはいえ、根幹のところでだれが水俣病であるのかを定めるのが「医学」であってみれば、「そこ」が係争点にならざるをえないのであった。逆に言えば、水俣病事件史の争点が、「そこ」を中心に回ってきたということに他ならない。

人のいのちと暮らしを総体的に侵襲した水俣病であれば、争点形成をはかる学のあり方があってしかるべきであった。かろうじて「チッソ城下町論」（社会学者、丸山定巳）、「「チッソの無過失責任論」（法学者、富樫貞夫）が見られるにとどまる。色川大吉らの「不知火海総合調査団」の研究成果(『水俣の啓示』)にかんしては、別途機会を設けて論じることとする。

われわれは水俣学の基本的立場として、現場に学び現場に返す、オープンな学としての水俣学、学際的であり専門家と素人の壁を越えると主張している。その一つ一つは、今日の大学を中心とした学問世界では珍しくないのかもしれない[注16]。

しかし、われわれは、現場・現地とは「コンフリクトの渦」であるということというところから、現地に根ざした学問として出立する他ない、ということが大切であると考えている。

以下は周縁的事実ではあるにしても、一つ書き記していく。私たちが水俣学を立ち上げる際、「地の利」「人の利」をわれわれの特色として書いたことがある。地の利とは、高等教育機関を有さぬ水俣地域まで、地理的に最も近い大学であるということである。昭和30年代前半、国立大学であった熊本大学医学部が、地の利を生かして地元大学として、大きな仕事をした。しかし、水俣病が、政治的・社会的イッシューとなるにつれて、教育・研究機関として関わることはなくなっていった。むしろ逆に避けていったということであったかもしれない。

なにも軽々しく地元大学の責任として水俣病に取り組むべきであると揚言するものではない。ただ、東京や関西の研究者に比べれば、いとも簡単に訪問できるほどの距離にわれわれは位置している。さらに、私たちは水俣市内に「水俣学現地研究センター」をおいた。文系地方私学としては身の丈を越えた試みかもしれない。しかし、地の利を生かすとは、その地に身を置くということからしか始まらないというのがわれわれの心意気で

注16 マイケル・ギボンズ『現代社会と知の創造—モード論とは何か』丸善、1997年。

あった。

「人の利」であるが、これはいうまでもなく、水俣学研究を志す研究者が寄り集まってきたことだけではなく、日常的な活動の中で形成されてきた水俣における人と人との関係である。なによりも原田正純氏がつくりあげてきたことでもある。水俣学研究センターの客員研究員に、各地の大学や研究機関の研究者ばかりではなく、チッソの元労働者、水俣病患者、地域住民・支援者あるいは自治体職員らが加わっている。研究者たちから見れば、学歴も研究歴も有しないこれらの人々こそが、水俣学研究の大きな支柱なのである。水俣学の基本理念の一つである「現場に学ぶ、現場に返す」ということは、このような回路を通して始めて可能になることだと考えている。

このようなことをしていると、研究者・研究機関というよりは支援者のようなことをしている、などと陰口をたたかれることがある。これは何も今に始まった事ではない。水俣学の提唱者である原田正純氏は、40年前、医学の世界で水俣病患者の立場に立ちすぎて偏っていると批判されていた。それに対する原田氏の切り返しは絶妙であった。医師の仕事は患者の話を聞くこと、病を治すことであり、患者を信頼し、患者の立場にたつのは当たり前ではないか[注17]。

研究がその言葉の意味において、だれにも拝跪すべきものではなく、それによって研究の自由も研究成果の質も担保されるものであるとすれば、地域の人々との交歓関係の形成は成り行きの当然といえようか。

水俣病をめぐる多様な言説の果てに

とはいうものの、ことは決して単純でもなければ、為政者（あるいは行政、権力など様々な表現が可能であろう）と患者・住民という二項対立で展開している訳でもない。じつは地域はコンフリクトの渦とでも呼ぶしかない事件の舞台である。

この「コンフリクトの渦」の反映であるが、水俣病とは決して一義的に

注17　水俣学研究センター編『原田正純追悼集この道を—水俣から』熊本日日新聞社、2013年。

は語り得ないポリフォニックな事件である。そのことが冒頭に記したいらだちの一つの根拠である。

「水俣病患者」もまた多様[注18]であり、地域住民も、支援者（と称される人々）たちもまた多様である。その一例として水俣病患者の場合をとれば、第一次訴訟や自主交渉という闘いを担った患者、チッソという会社のお膝元に暮らす患者、対岸の島に居住する患者、初期の見舞金協定を締結せざるを得なかった患者、長い間隠れてきて近年ようやく語ることができるようになった患者たち、隠し様もなかった胎児性水俣病患者、これらの人たちの個人史も言説も多様であることは当然であるにもかかわらず、なにか一つの「水俣病」があるかの如く思ってこなかったか。

ここでも一つのエピソードを引いておく。外の人から善意であれなんであれ、なぜ水俣病患者は一つにまとまらないのかといわれることがある。声を一つにすれば、きっと政府にも届くだろう。第一次訴訟の原告であった浜元二徳さんがそれに答えて曰く「国会だってたくさんの政党があるじゃないか。なんで水俣病患者だけが一つになれといわれないといけないのか」

ここではたんに患者団体の多様性を語ろうとしている訳ではない。様々な「水俣病患者・被害者」は、補償や認定制度をめぐる50年を越える経過の中で様々に作り出されてきた。水俣病被害の地域的な広がりと時間の経過が、一層ことを複雑にしている。そのことに思いをいたし、事実の確認をネグレクトするのは、怠慢である。怠慢であるばかりではなく、分析と判断を過たせることになる。

東北そして福島の未だ終わることのない経験についても同様であろう。

そうした中で、研究者が、何を見たのかが問われることになろう。原

注18　2006年、水俣病公式確認50周年事業というイベントに患者団体が参画した。そのとき、実行委員会に加わった患者団体は21、与しなかった患者団体は3あった。2016年に改装される前の水俣市立水俣病資料館には患者団体の組織系統図なども展示されていた。一人一会派もあれば、実体のない団体も多くある。しかし、行政機関はそのように分類したのである。

田正純氏は、人に問われて、「見てしまったものの責任」として水俣病に取り組んできたと語る。丸山定巳氏も同様のことを語っている。これは、事実に向き合う一人一人の体験の積み重ねが問われ、レイトカマーにおいては追体験するということによって、問いに向き合うということであろう。

私は震災と津波直後の東北の沿岸に立ったとき、原発直下の村に立ったとき、まったく言葉が出なくなった。同行の人たちと、関係のない話をしていた自分がそこにいたことを思い出す。水俣で被災者の語りに接したとき、そして水俣病患者たちの生活の中での語りや経験に触れたとき、多くの人は言葉にならない経験をすることであろう。現場にたつということはそのようなことであろう。われわれは水俣学の出発点をそこにおく。われわれの現地主義とはそのようなことである。

6.結論と提議　水俣病事件の再訪問

個人の「体験は、反省を経て『経験』に至る。経験の成熟とは、自分の個人的な経験が歴史と伝統の中に伝えられた言葉を定義するに到ることである。ある一つの事柄にであった時、それを通して、そう呼ぶ以外呼びようがないという状況にであった時、その事柄が、言葉でなく現実の人生の事実として存在する。それを経験と呼ぶ。」（森有正[注19]）そこに水俣病と東北をつなぐ個別と普遍の回路があるのではないか。

私は、これを道義的問題として提起しているのではなく現実的な具体的方法的課題として提起したい。一人一人の水俣をそして東北・福島を紡ぐことこそ、次世代につないでいくことではないだろうか。迂遠で膨大な作業ではあるが、百年後に語り続けられるものをいま作っていくこと、これが必要なことと考えている。個々の具体的研究課題に関してはまた別途論じられる。[注20]

注19 森有正『いかに生きるか』講談社、1976年。

注20 この点について、部分的にではあるが「56年を経た水俣病:水俣学の新たな取り組み」『Seeder』第7号（昭和堂、2012年）で触れておいた。

あとがきにかえて

花田昌宣

水俣病に関する書籍は少なくない。国立国会図書館の目録で水俣病に関する図書を検索してみると579件所蔵されている。2000年以降でも307冊もある。その中には行政の報告書も多く含まれているのでかなり差し引いて考える必要があるが、雑誌記事や学術論文のデータベースで検索すれば2000年以降今日までで337件ヒットする。

これだけみるといまなお水俣病は世間から注目され続けているのではないかという印象を受けるものの、水俣病の問題が今なお現在進行形で続いていることがどこまで伝わっているかということになるといささか心もとない。

私自身は、水俣病の問題に関わり始めて40年以上になり、さらに現在、地元熊本で水俣学の研究に携わっているので客観的な判断ができる位置にはないが、水俣を訪れる人たちや研究者仲間と話していると、水俣病が半世紀を超える歴史を有し、さらに今日もなお継続する課題を抱えた事件であるということをわかっている人たちは意外に少ない。

本書はそのような方々に向けられたものであり、学術的な専門書を企画したわけでは決してない。かといって、入門書ともいえず、水俣病に関心を持つ方々に手に取ってもらいたいと考えた。編集の過程でいくつかの変更もあったが、水俣病事件の歴史を振り返るとともに現状を様々な側面から検討しようという考えから企画された書物で、なによりも、出版社も編集にあたった二人も水俣病の現在を伝えたいと願っている。

ところで、「いまなお水俣病が終わっていない」というのは抽象的なスローガンではない。じつは、この言葉は、第一次水俣病訴訟の頃（1970年頃）からいわれており、今日でもなお主張し続けないといけない現実がある。

いくつかのことを記して、あとがきにしたい。

本文でも何ケ所かで扱われているように、水俣病の被害者に対する補償と救済については、制度上わかりにくくなっている。外見上は、公害健康補償法上の認定を受け、水俣病患者としてチッソからの補償を受け取る道筋と1995年の政治解決策や2010年の水俣病特措法に基づく救済策により医療救済をうける道筋の二つである。これらをもって水俣病被害者の救済につとめていると行政は胸を張る。

しかしながら、彼らが特措法などで「救済」するといっているのは、読者は驚かれるかもしれないが、「水俣病ではない人」たちなのだ。つまり特措法によれば、水俣病ではないものの水俣病に見られる症状を有する人、つまり自ら責任がないと主張している人たちに「救済」施策を実施していることになる。それとて、申請期限を設けて救済策受付はすでに終了している。私は、「被害者救済」の取り組みによって救われている人たちも多いので一概に否定しているわけではないが、どうも倒錯しているように思えてならない。行政から水俣病と認定された人、訴訟上で司法上水俣病と認められた人、「認定水俣病」ではないものの救済対象になっている人など、カフカ的世界に入り込んでいると言っても過言ではないような事態が出来(しゅったい)している。

さらにもっと倒錯した事態が水俣病患者に降りかかる。公害健康被害補償法上の水俣病認定をうけたところで、チッソとの補償協定あるいは法律上の救済を受けるに至るには関門がいくつもある。最近の事例を紹介する。

2017年5月18日、大阪地裁で水俣病訴訟の判決があり原告水俣病患者側の全面勝訴の判断が下された。この訴訟は、水俣病患者の遺族が加害企業チッソに対して補償協定締結を求めているものであった。話はわかりにくい。

原告のFさんは大正14（1925）年水俣生まれ。1978年に水俣病認定申請をした。その後、1982年に提訴された国、熊本県、チッソを被告とする水俣病関西訴訟の原告となり、2004年最高裁まで争い勝訴、賠償金を受領。司法上は水俣病と認められていても、公害健康被害補償法による水俣病認定申請は熊本県によって棄却されていたので、熊本県知事を相手取って認定を義務付ける訴訟を起こした。この訴訟もまた最高裁まで争われ、2013年勝訴。Fさんはこれによって水俣病と認定された。(ただFさん自身は判決直前に他界され、遺族が継承した。)そこで当然のことながら、チッソに対して認定患者がとり結ぶ補償協定を締結するよう要求したが、チッソはすでに損害賠償請求訴訟の判決(2004年)で決着済みであるので改めて補償協定は結ぶ必要はないと拒否。

補償協定とは、1973年水俣病訴訟判決後、患者達とチッソの間で締結されたもので、水俣病と認定された者に1600-1800万円の一時金に加えて、年金、医療手当、介助手当等々の給付を約したものであった。従来、水俣病と認定された患者は全員チッソとの補償協定を結んでいるので、Fさんの遺族は、認定された以上、当然のこととして補償協定を求めたのであった。大阪地裁判決はFさんの遺族の主張を全面的に認めてチッソに補償協定を結ぶように命じた。この判決が確定すればよかったのだが、チッソが控訴したので、この訴訟もおそらく最高裁判所まで争われることになろう。

いっぽう、同じ水俣病関西訴訟で原告団長であり2004年勝訴した川上敏行さんは、2011年に水俣病と認定され、チッソとの補償協定ではなく熊本県に公害健康被害補償法上の認定患者に支払われる障害補償費の支給を求めて訴訟を起こした。2017年9月8日最高裁判所は、損害賠償請求訴訟ですでに損害が補填されているので熊本県は障害補償費の支払いをする必要はないとの判決を下した。この判決では熊本県に水俣病の責任があることに触れておらず、理不尽なものであった。

水俣病患者は、自ら認定申請をし、認定審査を受けなければならない。あるいは、それと同時に、加害者を相手取って損害賠償請求訴訟を起こす。この訴訟で勝訴したとしても、認定申請を棄却された場合には、認定を義務付ける訴訟を起こさなければならない。そこで勝訴して認定されたとしても補償協定締結や公健法適用のための訴訟を起こさなければな

らない。つまり極論すると、三度、最高裁判所で勝訴しなければ水俣病患者としての正当な扱いを受けないということとなってしまう。Fさんは、1978年に認定申請してからすでに40年、水俣病の国賠訴訟と認定義務付けとで二度最高裁で勝訴している。遺族が最後の道のりを歩んでおられる。

さて、話を簡略にしているのでとてもわかりにくくなったのかと思うが、どのような側面を取り上げても水俣病の現実とはこのようである。本来的には、原因者たる加害者が明確になっている公害事件であるから、もっと簡素になっているはずなのであろう。

水俣病についてはまだまだわかっていないことが多い。医学面においてもそうなのだが、生態環境面や社会的な側面においても今後の調査研究が求められている。長くなるので割愛するが、水俣病事件の過去と現在の全体像を描きだし、後世に伝えていく営みはまだまだ続く。

最後になるが、水俣病の教訓あるいは失敗の経験を語るときには、どのようにしてチッソが水銀を含んだ廃水を垂れ流し、被害を拡大させたのかが語られるのであるが、編者としては、今日まで起きてきたことの全体、そしてこのあとがきで少し触れたような現在起きていることの全体が、「水俣病の教訓あるいは失敗の経験」として語られなければならないのではないかと考えている。

本書がその一助になれば幸いである。

水俣病事件・運動史年表

特記ない場合「県」は熊本県、「市」は水俣市／敬称略

前史

1908	8．野口遵、水俣村に日本窒素肥料株式会社（日窒）設立、カーバイド生産開始。
1926 (S 1)	1．日窒、カーバイド残渣による漁業被害に対し、以後苦情を申し出ない条件で水俣町漁協に見舞金1500円を支払い、百間港地先の埋立権を取得。
1930 (S 5)	1．日窒、朝鮮の興南で電気化学コンビナート稼動。植民地経営で財をなし、日本興業銀行などと新興コンツェルンの地位を確立。

第Ⅰ期　1932～1959　被害発現と原因究明

■有機水銀排出工程始動。戦後の増産とともに被害広がる。

1932	7．日窒水俣工場、触媒に水銀を使用するアセトアルデヒド酢酸工程稼動。
1939	1．新生児のヘソの緒が5ppm（早世した二次訴訟原告家族）。
1940 (S15)	1．ハンターとラッセル、英国の種子殺菌工場労働者の有機水銀直接被曝による中毒症例を報告。運動失調・求心性視野狭窄などの主要症状を指摘。
1941	11.「湯堂で出生の女児が水俣病の可能性。翌年月浦で水俣病」（熊大二次研究班）。
1943	1．漁業被害再燃。日窒、15万円余で水俣湾沖と水俣川河口の漁業権を買取。
1945 (S20)	3～軍需生産が半分を占めていた水俣工場、5回の空襲で破壊。 8．日窒、敗戦で海外資産を失う。延岡工場は旭化成となり、水俣工場だけから再出発。引揚者対策としては積水化学も作られた。
1946	2．水俣工場、アセトアルデヒド酢酸工程を再開。
1950	1．日窒、企業再建整備法により新日本窒素肥料（新日窒）に。資本金4億円。
1951	1．水俣湾内の貝類減少、チヌ・スズキなど浮上。
1952 (S27)	3．津奈木村に胎児性患者。判明している範囲で最も早い胎児性出生。 8．県水産課三好礼治技師、工場と湾の調査。カーバイド残滓による漁業被害を記し、工場排水分析の必要性を指摘（三好復命書）。 9．新日窒、アセトアルデヒド合成で可塑剤オクタノールを製造、国内市場独占。
1953	12．5歳の女児、市内月浦で発病。のち公式確認患者中の発病第1号とされた。
1954 (S29)	8．前年から水俣湾周辺の各漁村で「猫踊り病」による猫の変死が多発。猫全滅で市内茂道の漁民がネズミ駆除を市衛生課に要請（熊本日日新聞）。

■「奇病」の公式発見～原因究明。漁民弾圧と見舞金契約で幕引き。

1956 (S31)	5．新日窒付属病院の細川一院長ら、脳症状を主訴として入院していた市内月浦の幼児について水俣保健所へ届け出（水俣病の公式確認）。 5．カーバイド残渣を浚渫した水俣港が貿易可能な一級港湾に昇格。 5．「死者や発狂者出る。水俣に伝染性の奇病」との初報道（西日本新聞）。 5．市奇病対策委員会発足。7月、患者8人を市立病院の伝染病隔離病棟に収容。 8．県衛生部、「原因不明の脳炎様患者が多発」と厚生省公衆衛生局に電報。 11．熊本大学医学部水俣奇病研究班、「伝染病ではない。ある種の重金属中毒、特にマンガンが疑われ、人体へは魚介類摂取によるとみられる」と発表。 11．国立公衆衛生院、現地疫学調査。これを機に県衛生部・熊大医学部と厚生省で厚生科学研究班結成。後日「工場排水が疑わしい」と報告。

1957 (S32)	2．熊大研究班報告会。「水俣奇病は水俣湾魚介類による中毒性脳症」として、漁獲禁止か販売目的の採取禁止の必要性を確認。 3．県水俣奇病対策連絡会発足。港浚渫との関係、患者の措置、漁獲自粛を協議。 3．県水産課内藤大介技師、市内百間港一帯の漁業被害を調査。漁獲皆無、漁民の困窮甚大等を県に報告（内藤復命書）。 4．伊藤蓮雄水俣保健所長が湾産の魚介類を投与していたネコが1～7週間で5匹発病、県衛生部に報告(伊藤ネコ実験)。 8．水俣奇病罹災者互助会（のち水俣病患者家庭互助会 渡辺栄蔵会長）結成。 9．厚生省公衆衛生局、熊本県衛生部に「湾内の魚介類すべてが有毒化しているという根拠がない」と回答、県、食品衛生法による漁獲販売禁止告示を断念。
1958 (S33)	6．参議院社会労働委員会で、尾村偉久厚生省環境衛生部長が「水俣病の発生源は新日窒水俣工場」と答弁。 7．厚生省公衆衛生局、「新日窒水俣工場廃棄物が港湾泥土を汚染し魚介類が化学毒物と同種の物質で有毒化、これの多量摂食によって発症と推定」と通達。 9．新日窒水俣工場、アルデヒド酢酸工程の排水路を南の水俣湾百間港から北の水俣川河口・八幡プールに変更。排水は不知火海に直接流出。 11．通産省、「厚生省通達のマンガン・セレン・タリウム説には根拠なし」と反論。 12．都内江戸川のパルプ排水に対する浦安ノリ漁民の抗議を機に、水質保全法・工場排水規制法（水質二法）公布。水俣湾の有機水銀への適用は 10 年後。
1959 (S34)	1．厚生省食品衛生調査会に「水俣食中毒部会」。部会長は 熊大鰐淵健之学長。 3．水俣川河口を漁場とする北隣の津奈木村・芦北町の漁獲減と発病。6 月には南隣の鹿児島県出水市で漁民発病。水俣湾から不知火海への汚染拡大が明白に。 7．熊大研究班報告会で武内忠男教授ら有機水銀説。水俣食中毒部会でも「現地魚介類摂食で起こる神経系疾患で毒物は水銀が極めて注目される」と報告。 8．日窒西田栄一水俣工場長、県議会で「工場は無機水銀使用」と熊大説に反論。 8．市漁協、3500 万円の漁業補償／埋立地 2000 坪の無償譲渡で妥結。 9．日本化学工業協会大島竹治理事「旧日本軍による海中投棄爆薬」説。 9．細川一新日窒付属病院長、アセトアルデヒド工程廃水を直接投与していたネコ 400 号の発病を確認、技術部幹部に報告（細川ネコ実験）。 10．通産省秋山武夫軽工業局長、新日窒社長に、アセトアルデヒド酢酸工程の排水路を八幡プールから百間排水口へ戻すよう指示。11 月、逆送開始。 11．不知火海沿岸漁協 4000 人、工場操業停止・漁業補償・患者見舞金等を求め水俣で決起大会とデモ。団交拒否に怒り工場乱入、警官と衝突し百余人負傷。翌年漁民 25 人逮捕、55 人起訴され 52 人に罰金（不知火海漁民暴動）。 11．衆議院現地調査。特別立法を望む患者や漁連に団長「県条例で対応可能」 11．通産省秋山軽工業局長、極秘で全国のアセトアルデヒド酢酸工場に排水の水質調査を指示。工場外へ出る際の水銀値を問う。 11．厚生省食品衛生調査会、水俣食中毒部会報告うけ「水俣病の原因は湾周辺の魚介類中のある種の有機水銀化合物」と大臣に答申。翌日、池田勇人通産相、閣議で渡辺良夫厚相に「有機水銀が工場から流出とは早計」と批判。答申は宙に浮き水俣食中毒部会は解散。厚生省主管の「各省庁連絡会議」も頓挫。 11．患者互助会、一律 300 万円の補償を求め水俣工場前に座り込み。 12．水俣工場で「サイクレーター」の竣工式。吉岡喜一社長は水銀除去機能がないことを隠しながら水を飲んで見せた。寺本広作県知事も同席。

	12．県知事らが沿岸漁民に1億円の調停案を提示。県漁連が受諾し新日窒と調印。 12．困窮の患者互助会、見舞金（死者 30 万円・生存者成人に年 10 万円・未成年に年 3 万円）を新日窒が支払うとの県知事の調停案を受諾。「将来水俣病が工場排水に起因と決定しても追加補償は求めず」との条項も（見舞金契約）。

第Ⅱ期　1960 ～ 1973　チッソの責任問う患者の闘い

■新潟水俣病の発現を経て、政府がやっと「公害」と認める。

1960 (S35)	2．県患者診査協議会。認定は本人の申出が前提との「本人申請主義」を申合せ。 2．経済企画庁の主管で水俣病総合調査研究連絡協議会発足。4 月、清浦雷作東京工業大教授、アミン説を発表。 4．日本化学工業協会、水俣病研究懇談会（通称田宮委員会）で水銀説に対抗。 8．新日窒技術部と細川一医師、アセトアルデヒド工場の精ドレーンをかけた餌でネコ実験の追試を開始。のちに明らかな発症を確認。 10．新日窒、水俣漁協への再補償を機に八幡地先 10 万坪の埋立権取得。
1961 (S36)	3．総合連絡協。水俣湾調査が報告され水銀説は裏付けを得るが以後開かれず。 5．県衛生研究所（松島義一所長）、3 年間で沿岸住民のべ 2762 人に行なった「毛髪水銀調査」の第 1 回報告。多数が日本人平均の 3 倍の 10ppm 以上、4 人に 1 人は 50 ～ 100ppm、最高は 920ppm。結果は非公開。 8．診査協議会、死後解剖で胎児性患者認定。9 月、会は厚生省から県へ移管。
1962 (S37)	4．新日窒、労働組合に「安定賃金制」を提示。合理化推進の第二組合により労組は分裂、市民世論も二分の大争議となる。翌年 2 月終結（安賃闘争）。 8．入鹿山且朗熊大医学部教授ら、「アセトアルデヒド工程の廃泥から塩化メチル水銀を抽出」と医学誌に論文発表、有機水銀説が物証で裏付けられた。 11．診査協議会、患児 16 人を胎児性水俣病患者として一括認定。
1963 (S38)	2．入鹿山教授の水銀抽出を熊本日日新聞報道。それを受け、研究班が正式発表。 3．徳臣晴比古熊大医学部助教授、医学雑誌の論文に「1961 年以降水俣病は終息したようだ」と記述。患者認定の制約につながる。 8．水俣漁協、1957 年からの湾内漁獲自主規制を一部解除、翌 5 月全面解除。
1964 (S39)	2．県条例で水俣病患者審査会設置。3 月、審査会は患児 6 人を認定し合計は死者含め 111 人。以後 5 年間、患者認定は増えなかった。
1965 (S40)	1．新日窒、社名をチッソに変更。資本金 78 億 1396 万円。 3．水俣市立病院付属湯の児分院リハビリテーションセンター開院。 5．椿忠雄新潟大医学部教授、新潟県衛生部に「阿賀野川下流に水銀中毒患者が発生」と報告。6 月、北野博一新潟県衛生部長ら、流域の水銀使用 3 工場と患者を調査。沼垂診療所（斎藤恒所長）発見の患者も含め 7 人を確認。 6．新潟県と新潟大、記者会見し「阿賀野川流域に有機水銀中毒患者が発生」と発表（「第二水俣病」の公式確認）。新潟大と保健所、流域約 3 千人対象の戸別調査開始。毛髪水銀値 50ppm 以上の女性には妊娠・授乳規制を指導。 7．通産省、原因究明中としつつ水銀使用各社に排水処理への注意を促す。 9．厚生省新潟水銀中毒事件特別研究班、昭和電工鹿瀬工場周辺試料の水銀検出。
1966 (S40)	6．チッソ水俣工場、アセトアルデヒド酢酸工程の排水を閉鎖循環方式に変更。

1967 (S42)	6．新潟水俣病の患者・家族、昭和電工に対し水俣病の損害賠償を求め新潟地裁に提訴（当初3家族13人、のち77人）。　→ 1971.9　一審判決
1968 (S43)	1．新潟の患者、水俣へ。患者互助会や水俣病市民会議（日吉フミコ会長）と交流。 5．チッソ水俣工場、電気化学から石油化学への転換のためアセトアルデヒド工程を停止。同工程は36年も稼動し続けた。塩ビ工程は1971年まで続行。 8．合化労連・新日窒素労組「何もしてこなかったことを恥とし水俣病と闘う」と決議。以後、裁判証言などで患者運動を支援（第一組合の「恥宣言」）。 9．厚生省「熊本水俣病は新日窒水俣工場で生成されたメチル水銀化合物が原因」と発表。新潟水俣病は科学技術庁が発表（政府公害認定）。 10．患者互助会、公害認定を踏まえ、チッソと死者一時金や年金の補償交渉開始。

■「四大公害訴訟」の時代。世論の支持も得て患者が果敢に闘う。

1969 (S44)	1．石牟礼道子「苦海浄土　わが水俣病」刊行。 3．厚生省、患者互助会に対し「調停案を一任する確約書」の提出を求める。 4．患者互助会、厚生省補償処理委員会に一任するか否かで分裂。54所帯が園田直厚生大臣に「お願い書」提出（一任派）。　→ 1970.5、斡旋受諾 4．一任を拒否した患者、提訴の方針を固める（訴訟派）。 4．水俣病を告発する会（本田啓吉代表）、熊本市で発足。以後各地でも結成。 5．県認定審査会、5年ぶりに20人審査し5人認定、2人保留、13人棄却。 6．患者29所帯112人（渡辺栄蔵代表／のち138人）、チッソに6億4239万円の賠償を求め熊本地裁に提訴（第一次訴訟）。　→ 1973.3　一審判決 6．川本輝夫宅に未認定患者が集い、潜在患者発掘・認定促進の活動開始。 12．「公害に係る健康被害の救済に関する特別措置法」（救済法／旧法）施行。県認定審査会や既認定患者もこの法律で継承。
1970 (S45)	5．厚生省補償処理委員会（千種達夫委員長）、死者400～170万円、生存者200～80万円の慰謝料と若干の生存者年金で、企業責任は問わない斡旋案。チッソと一任派患者が受諾調印。熊本・東京の支援者、抗議の省内座り込みで13人逮捕。6月、これを機に東京・水俣病を告発する会発足 7．第一次訴訟の出張尋問で細川一医師、ネコ400号実験等を証言。会社が見舞金契約以前から工場排水が原因と知っていたことが判明。 8．川本輝夫・佐藤ヤエら棄却患者9人、熊本・鹿児島県知事の棄却処分を不服として厚生省に行政不服審査請求の申立。　→ 1971.8　環境庁裁決 10．宇井純東大助手、自主講座「公害原論」開講。熊本・新潟水俣病に度々言及。 11．患者ら一株株主が大阪・チッソ株主総会へ。浜元フミヨが江頭豊社長に直訴。 12．公害対基本法改正、水質汚濁防止法や公害罪法も成立（公害国会）。
1971 (S46)	2．「水俣　患者さんとその世界」（土本典昭監督）完成、全国各地で上映運動。 7．環境庁発足。行政不服審査を含め、水俣病など公害問題が厚生省から移管。 7．環境庁、川本輝夫らの行政不服審査で県知事の棄却処分を差し戻す裁決。同時に「有機水銀の影響が否定できない場合も認定」との事務次官通知。 9．新潟地裁、新潟水俣病一次訴訟で昭和電工の安全管理義務違反の過失を認め、原告の患者や被汚染者に1000～100万円の賠償を命ず。判決確定。 10．熊本県、水俣湾周辺住民健康調査開始。5万人余を対象に一次問診を行ない、うち1万人余を地元医師が二次検診。鹿児島県も同時期に調査。 10．川本輝夫ら新認定患者18家族、一律3000万円の償いを求め、水俣工場前座り込み開始。チッソは第三者機関による調停に固執（自主交渉派）。 11．水俣で「市民有志」による自主交渉派批判・会社擁護ビラが出始める

	12．自主交渉派、チッソ東京本社で島田賢一社長と交渉、ドクターストップで中断。本社内で社長回復と交渉再開を待つも、警官が支援者を排除。 12．チッソ従業員、本社内の患者を排除。本社前の路上で抗議の座り込み。
1972 (S47)	1．自主交渉派、第二組合への申し入れでチッソ石油化学五井工場へ。工場労働者 200 人が患者やユージン・スミスら報道関係者に暴行（五井事件）。 1．チッソ、自主交渉派の交渉要求に窮し本社４階に患者遮断の鉄格子設置。 2．大石武一環境庁長官と沢田一精熊本県知事が立会い、環境庁庁舎で自主交渉派とチッソの交渉。以後６回行なわれたが４月、県知事が打切り。 6．ストックホルムの国連人間環境会議に患者坂本フジエ・しのぶ母子、浜元二徳ら参加。ＮＧＯ会議で水俣病を訴え。宇井純・土本典昭・原田正純ら同道。 6．新たに認定された患者のうちチッソが勧める調停申請に同意した患者が「新互助会」を結成（調停派）。 → 1973.4　調停受諾 12．市、湯の児に明水園を開所。認定患者のみを対象とした入所療養施設。 12．東京地検、チッソ社員への傷害で川本輝夫を在宅起訴（自主交渉川本裁判）。チッソ前座り込みテントは２度目の越年。
1973 (S48)	1．公害等調整委員会の調停で、受諾を代表に委ねる「委任状偽」が発覚。公調委、書面確認に訪れた患者・支援者を排除。判決前の低額調停案提示を断念。 1．新認定と未認定の患者ら 141 人、チッソに損害賠償請求の民事訴訟を熊本地裁に提起（被害者の会／二次訴訟）。 → 1979.3　一審判決 3．熊本地裁（斉藤次郎裁判長）、一次訴訟で患者勝訴の判決。チッソに 1800 ～ 1600 万円の賠償命令。見舞金契約は「公序良俗に反す」と一蹴。 3．自主交渉派と訴訟派で結成した東京交渉団（田上義春団長）、チッソ本社内で島田社長らと生涯の生活保障を求め交渉。4 月、新認定患者にも判決同等の慰謝料／一時金以外に年金や諸手当／等を得る。 4．公調委、判決同等の一時金に加え、年金月額を 6・3・2 万円とする調停案。 5．チッソ、書類を搬出して本社を空け、社内に待機の東京交渉団から逃亡。 5．熊大医学部第二次研究班、「10 年後の水俣病に関する報告」（第 2 年度）。汚染の広域化／多彩な症状／ 1960 年以降現在まで発症／要精密検診が 352 人／など。比較で診た有明町住民の「第三水俣病」の可能性にも言及。 5．第二次研究班報告を元に「有明海に第三水俣病」と報道（朝日新聞)。のち「徳山にも患者」等を各紙が報道、水銀汚染問題が全国の関心事となる。 6．国の水銀等汚染対策会議、ソーダ工場の水銀電解法廃止などを決定。 6．「魚介類に関する水銀専門家会議」、魚介類の水銀暫定基準総水銀 0.4ppm メチル水銀 0.3ppm と決定。これを受け厚生省「週に小アジ 12 匹、マグロ 47 切れ」と摂取限度量を示す。水産業者・鮮魚商など反発。 6．「中央公害審議会水質部会」、水銀を含む底質（ヘドロ）の暫定除去基準を環境庁長官に答申。水俣湾は乾重量で 25ppm 以上。 7．水俣漁協、13.6 億円の補償を求めて海陸から水俣工場封鎖、工場は操業停止。浮池正基水俣市長の斡旋により 4 億円で妥結、封鎖解除。 7．東京交渉団、三木武夫環境庁長官・沢田熊本県知事・馬場昇衆院議員・日吉水俣市議の立会で補償協定書に調印。判決なみ慰謝料 1800 ～ 1600 万円、毎月の調整手当 6 ～ 2 万円／医療費／介護手当など 7．東京 1 年 8 カ月・水俣 1 年 9 カ月の自主交渉座り込みテント撤収。 8．不知火沿岸 30 漁協、1959 年以降分の補償要求で海陸から水俣工場封鎖、工場操業停止。のち県知事の斡旋を条件に封鎖解除し 11 月、22.8 億円で妥結。

第Ⅲ期　1974～1996　不知火海に広がる患者と政府解決

■広域な健康被害が顕在化。多数の認定申請患者が立ち上がる

1974 (S49)	1．県、汚染魚封鎖のため水俣湾を囲む仕切り網を設置 4．市内袋仏石に水俣病センター相思社設立。1988 水俣病歴史考証館を併設。 6．環境庁水銀汚染調査検討委健康調査分科会（椿忠雄座長）、激論の末、有明町の 8 人を「現時点では水俣病ではない」と発表。7 月、徳山市の 3 人についても同様の発表（第三水俣病シロ決定）。 6．熊本地裁、未認定患者の仮処分申請で、認定申請中の 2 人につき、栄養補給費として認定されるまで月 2 万円の支払いをチッソに命ずる決定。 7．水俣病認定業務促進検討委員会（黒岩義五郎座長）による集中検診。威圧的で乱暴な検診に申請患者が怒り、問題化。 7．認定申請者 650 人、環境庁に「不作為の審査請求」を申立て。9～10 月、計 27 人につき熊本県の認定業務の不作為を認める裁決。8 月、申し立てた患者、水俣病認定申請患者協議会（岩本廣喜会長／申請協）を結成。 9．公害健康被害補償法（公健法／新法）施行。認定には年金型補償もつくようになったが、水俣病では補償協定が高水準のため、認定までをこの法による。 9．県、認定審査会で「保留」「要観察」となった申請者につき医療費と手当支給を開始。翌年 4 月、県と環境庁、認定申請後 1 年以上・指定地域居住 5 年以上の者に医療費を支給する「治療研究事業」開始。6 月仮処分決定の成果。
1975 (S50)	1．東京地裁、自主交渉川本裁判で、執行猶予つき罰金刑判決。川本被告控訴。→　1977. 6　東京高裁判決 1．川本有罪判決に怒った上京患者がチッソ幹部を殺人傷害罪で東京地検に告訴。のち熊本県警に 103 人追加告訴。　→　1979. 3　熊本地裁判決 8．杉村国夫・斉所一郎熊本県議、環境庁への陳情で「認定申請者にはニセ患者が多い」。9 月、申請協が県議会に抗議（ニセ患者発言）。 8．カナダ水俣病の被害者、訪日。水俣や新潟で患者と交流、9 月、川本輝夫・浜元二徳ら、カナダを初訪問。以後、被害民や研究者の交流が始まる。 10．熊本県警・地検、申請患者緒方正人・坂本登と支援者計 4 人を県議会への公務執行妨害と傷害で逮捕・起訴。1980 年、熊本地裁は全員に執行猶予つき有罪判決。1989 年、最高裁で確定(謀圧裁判)。
1976 (S51)	12．熊本地裁、申請協による「不作為違法確認の行政訴訟」に判決。未処分の申請者原告全員につき業務の滞りを認め「県の不作為は違法」と判示、確定。
1977 (S52)	5．申請協と患者連盟、不知火海の対岸・天草の島々や水俣山間部などの潜在患者に認定申請を働きかける「総申請運動」開始。 6．東京高裁（寺尾正二裁判長）、自主交渉川本裁判で川本被告の一審有罪判決を破棄し、検察の起訴自体を破棄する公訴棄却判決。国の水俣病放置を「水俣病の一半の責任」と指摘。1980 年、最高裁決定で公訴棄却が確定。 7．環境庁、水俣病認定検討会（椿忠雄座長）の結論により「後天性水俣病の判断条件」を通知。複数の臨床症状の組み合わせが必要、として 1971 事務 次官通知の認定要件を事実上狭めた（水俣病判断条件）。 10．胎児性などの若い患者の会「働く場を」と求め石原慎太郎環境庁長官と面会。

1978 (S53)	1．沢田県知事、チッソ金融支援策を練る国に対し、県債償還の保証を要求。 2．申請協・患者連盟・県外患者、認定不作為解消や国の水俣病責任等を問い環境庁と熊本県庁に座り込み。3月環境庁、警官導入で庁内座り込みを強制排除。 患者、排除に怒り、歴代の通産・厚生・農林大臣と熊本県知事を殺人傷害罪で問う刑事告訴を東京・熊本地検に提出（歴代大臣告訴） → 1979.8 不起訴決定 3．市内桜井町に水俣協立病院（藤野糺院長）開院。 6．前年3月に発足した「水俣病関係閣僚会議」で国の水俣病対策決定。補償金支払分を県が貸付けるチッソ金融支援／認定業務促進にむけ国の臨時審査会設置と新通知／水俣芦北振興策。県債は政府資金運用部と銀行が引受け5年据置30年返還。行政がチッソを融資と認定抑制で支える構図が確立。 6．申請協・患者連盟・被害者の会など患者10団体が合同集会。国と県に「患者切捨ての国審査会や新通知に絶対反対」と抗議打電。 7．環境庁、「水俣病の認定に係る業務の促進について」通知。認定範囲は医学的。蓋然性が高い場合のみ／死者などで資料が得られぬ時は棄却、とし1977判断条件ともども、患者認定を著しく絞り込む態勢が確立（新次官通知）。 9．胎児性など20代の患者ら、水俣文化会館で石川さゆりコンサートを実現。

■国・県の責任を問う訴訟続出。行政はチッソ金融支援と申請者大量棄却。

1978 (S53)	11．認定申請を棄却された御手洗鯛右ら4人、処分の取消を求める行政訴訟を熊本地裁に提起（棄却取消訴訟／第一次）。 → 1986.3 一審判決 11．チッソ金融支援協､年度上半期の県債を患者認定数に応じて33.5億円と決定。12月､県議会がチッソ支援の県債発行議案を可決。 12．申請協と東海・関西患者、認定の遅れについて国と県の業務怠慢を問う「不作為制裁」の賠償請求を熊本地裁に提起。（待たせ賃訴訟） → 1983.7 一審判決
1979 (S54)	2．「臨時措置法」施行で国にも認定審査会。患者は棄却促進になると反発。 3．熊本地裁、チッソ刑事裁判で、吉岡喜一元社長と西田栄一元工場長に業務上過失致死傷罪で禁固2年・執行猶予3年の有罪判決。1982福岡高裁1988最高裁はいずれも被告の上訴を棄却し、有罪確定。 3．熊本地裁、二次訴訟判決で死亡未認定原告や棄却処分を受けている生存原告に1000～500万円の賠償をチッソに命ず。→ 1985.8 福岡高裁判決。 8．熊本地検、歴代大臣告訴につき立件不可能として不起訴処分。申請協・連盟などの患者、これを不服とし起訴を求める付審判請求。熊本地検、請求を受理し意見書と証拠を熊本地裁に送達。→ 1981.4 決定。
1980 (S55)	2．砂田明一人芝居「天の魚」東京公演。前年から死去まで16年間556回上演。 3．国立水俣病研究センター（国水研）が市内湯の児に開所。 3．杉村・斉所県議のニセ患者発言に対する申請協の名誉毀損訴訟判決。熊本地裁、公務中の案件と認め県に謝罪広告と慰謝料支払を命ずる。確定。 4．熊本地裁、ヘドロ処理差止めの仮処分申請を却下。建設省と県、24ppm以下のヘドロを浚渫し25ppm以上の海域を埋め立てる水俣湾理工事を再開。 5．被害者の会の未認定患者、国・県・チッソに対し水俣病の賠償を求める初の国賠訴訟を熊本地裁に提起（三次訴訟）。→ 1987.3 一審判決。同様提訴は1984東京・1985近畿・1988福岡と続き、各訴訟団で被害者の会・弁護団全国連絡会議（全国連）結成。→ 1996.5 政府解決策受諾。 6．高校教科書からチッソの名を外せとの文部省検定官意見。石牟礼道子｢削除なら掲載拒否｣患者連盟、関西患者の会、抗議し「チッソ」を会名に冠する。 6．新潟の未認定患者、国・県・チッソに対し水俣病の賠償を求める訴訟を新潟地裁に提起（新潟二次訴訟／全国連）。→ 1996.5 政府解決策受諾。

1981 (S56)	4．熊本地裁、申請協などの付審判請求に対し「歴代大臣不起訴は相当」として請求を棄却。ただし「行政の対応は余りに遅く不適切」と指摘。
1982 (S57)	10．チッソ水俣病関西患者の会の原告患者 36 人、国・県・チッソに賠償を求め大阪地裁に提訴。県外患者の国賠訴訟は初（関西訴訟）。　→ 2001. 4 大阪高裁判決
1983 (S58)	7．熊本地裁、待たせ賃（不作為制裁）訴訟で県の不作為を認め代表原告全員に対し賠償を命ずる判決。県・環境庁控訴。　→ 1985. 11 福岡高裁判決
1985 (S60)	8．福岡高裁、二次訴訟控訴審判決。「判断条件は厳格に失する」と批判、未認定。患者 4 人を水俣病としチッソに 1000 ～ 600 万円の賠償を命ず。確定。 10．環境庁水俣病医学専門家会議（祖父江逸郎座長）。「判断条件は妥当」としつつ「水俣病診断に至らない判断困難な事例」を「ボーダーライン層」とする。 11．福岡高裁、待たせ賃訴訟で一審に続き患者勝訴の判決。「認定申請から処分までは 6 ～ 16 カ月で足りる」と相当期間を画す。しかし 1991 最高裁の差し戻しをうけ、1996 請求却下の逆転判決。2001 最高裁で患者敗訴確定。
1986 (S61)	1．認定申請を取下げた緒方正人、チッソに自然と命への罪を問う文書。 3．熊本地裁、棄却取消行政訴訟判決 。 4 原告全員を水俣病と認め、棄却処分を破棄。判断条件を「狭きに失する」と批判。　→ 1997. 3　福岡高裁判決 5．水俣病公式発見 30 周年。患者・市民が慰霊祭とアジア民衆環境会議。 7．県と環境庁、曝露歴と感覚障害のある棄却者に対し再び認定申請しない条件で医療費自己負担分を支給する「特別医療事業」を開始。
1987 (S62)	3．熊本地裁、三次訴訟判決。原告 85 人を水俣病とし 2, 000 ～ 300 万円の賠償を命ず。チッソに加え、国と県の賠償責任を初めて認めた。1993 年第 2 陣原告にも同様判決。被告控訴。 → 1996. 5　政府解決策受諾 10．県、申請者 70 人を審査し全員棄却。通算 157 回目の認定審査会で認定なしは初、以後それが恒常化。34 人を特別医療事業の該当者とする。

■未認定患者、生命あるうちの補償を求め直接交渉や和解要求。

1988 (S63)	3．申請協などの患者、水俣病チッソ交渉団を結成。認定制度の限界を見据えチッソに対し補償要求の直接交渉。9 月、水俣工場正門前で座込み、越年。
1989 (H1)	1．被害者の会全国連、認定制度と補償協定にとらわれぬ新しい司法救済システム（訴訟上の和解）を提案。　→ 1996. 5　政府解決策受諾 3．チッソ交渉団、細川護熙県知事・岡田稔久市長らの立会で「チッソと今後も補償交渉を続ける」との覚書調印。204 日間の水俣工場前座込みを撤収。 → 1996. 4　患者連合として政府解決策受諾 4．国際化学物質安全性計画（IPCS）、有機水銀の環境基準の改正を検討。水俣病への影響を恐れ環境庁が反論作成の緊急予算を組んだと報道が暴露。 11．申請協とチッソ交渉団、新たな補償要求書を提示。11 月、両団体が合併し水俣病患者連合（楠本直会長／御所浦島と東海地方に支部）を結成。

1990 (H2)	3．水俣湾ヘドロ処理工事が終了。百間港が 58ha の広大な埋立地に変貌。 4．IPCS、有機水銀の新クライテリア（警戒値）を各国に通知。 成人の毛髪水銀 50ppm は維持しつつ「妊婦は毛髪 10 ～ 20ppm でも胎児に影響」。 9～ 国賠訴訟を審理中の熊本・福岡・京都・東京地裁と福岡高裁が続々と和解勧告。患者・県・チッソは応じたが国は拒否。以後各裁判所で国ぬきで和解協議へ。 10. 環境庁山内豊徳企画調整局長、「国は和解勧告拒否」と表明。 10. 自民・社会・公明・民社党、合同で環境庁長官に和解勧告を受け入れるよう申入れ。共産党も含め全主要政党が同じ主張に。 10. 水俣病関係閣僚会議、「国に加害責任はない」「水俣病判断条件は正しい」として司法の和解勧告を拒否する政府見解。行政と政党で見解対立。 12. 北川石松環境庁長官が水俣訪問。同日、山内企画調整局長が自死。
1991 (H3)	11. 中央公害対策審議会、水俣病問題専門委員会（井形昭弘委員長）の検討を踏まえ「グレーゾーン」の患者として棄却者に療養手当を出すことを答申、国の責任には触れず。十年後、開示された議事録からは、専門委員会が「感覚障害だけの水俣病がある」と認めつつ事実を曲げていたことが発覚。
1992 (H4)	4．環境庁、中公審答申を受け棄却者に対する「総合対策医療事業」を決定。1986 特別医療事業に月 2 万円程の療養手当を加えたもので、判定検討会を経て療養手帳を交付。1995 政府解決の基盤となる。
1993 (H5)	1．埋立地に隣接する市内明神に水俣病資料館開館。浜元二徳・杉本栄子ら患者・家族が「語り部」となり水俣病を伝えていく。 6．水俣病早期全面解決と地域再生振興のためチッソ存続強化を願う市民大会。 8．細川首相、和解協議への国参加に慎重発言。県知事時代と矛盾。
1994 (H6)	5．犠牲者慰霊式で吉井正澄市長が過去の行政姿勢を謝罪。市政責任者として初。 6．自社さ連立の村山富市内閣発足。全国連、11 月に首相官邸前座り込み。
1995 (H7)	6．連立与党、「水俣病問題の解決について」を三党で合意し政府に提出。救済対象者は四肢末梢の感覚障害がある者／主治医の診断書も使い判定検討会で決定／給付内容は一時金・医療費・医療手当／争訟や申請は取下げ／国の何らかの態度表明。司法和解を拒んでいた国が、自ら「和解の斡旋者」となる方向に転ず。 9．環境庁、解決策最終案を、東京と水俣で患者各団体に提示。9 － 10 月、平和会・茂道同志会・漁民未認定患者の会・患者連合・全国連がそれぞれ受諾の回答。 12.「水俣病政府解決策」閣議了承。総合対策医療事業の判定を時限的に再開／一時金は 1 人 260 万円、5 団体に加算金／一時金の額をチッソに融資、国の予算で総合対策医療事業と地域振興策。首相談話では国の責任認めず。
1996 (H8)	3．患者連合、対象から外れた会員も含め一律 400 万円分配を決定。 5．全国連（原告約 2000 ／森葮雄代表委員・橋口三郎幹事長）、三次・福岡・京都・東京・新潟二次訴訟につきチッソと司法和解、国・県への提訴取下げ。 8．宇井純・原田正純・坂東克彦・岡本達明呼びかけで「水俣病事件研究会」開始。9．緒方正人ら、不知火海から沿岸を航行して水俣・東京展に打瀬船を運ぶ。

第Ⅳ期　1997～　関西訴訟最高裁判決と特措法

■和解を拒否した訴訟が結果を出す。最高裁勝訴を機に新たな患者が名乗り。

1997 (H9)	3．福岡高裁、政府解決に参加せず棄却取消訴訟を継続していた御手洗鯛右につき、鹿児島県知事の棄却処分を破棄し水俣病と認める。判決確定し患者認定。 3．政府解決策による総合対策医療事業判定結果発表（熊本・鹿児島県)。一時金と療養手帳 10353 人／保健手帳のみ 1187 人／対象外 3453 人。 8．県、「調査対象魚の水銀値が国の規制値を下回った」として水俣湾仕切網の撤去作業開始。2 年後、湾内漁業が 23 年ぶりに再開。 10．水俣・東京展実行委を継承し「水俣フォーラム」発足。以後各地で水俣展。
1998 (H10)	2．総合もやい直しセンター「もやい館」が竣工。政府解決策の一環。 9．日本精神神経学会、「複数の症候を要件とする水俣病判断条件は誤り。高度の有機水銀曝露を受けた者は感覚障害だけでも水俣病」との見解発表。
1999 (H11)	1．環境庁による行政不服審査で、県の棄却処分を差戻す裁決を 3 度も内部決裁しながら政府解決に配慮して患者に送達せずにいたことが暴露報道される。異例の審理再開を経て 3 月再裁決、10 月認定（裁決書隠蔽事件)。 2．川本輝夫（患者連盟委員長／水俣市議）肝臓がんにより逝去、享年 67 歳。 2．市、ISO － 14001 を取得。1993 年以来のゴミ分別は全国有数。 5．胎児性患者らの共同作業所「ほっとはうす」開所。翌年、心身障害者援護施設認可、2003 社会福祉法人化、2014 共同住宅「おるげ・のあ」併設。 6．チッソ経営の深刻化で関係閣僚会議。政府解決策で融資した 270 億円の返済免除／認定患者補償・ヘドロ処理等の県債累積債務元利計 2300 億円のうち経常利益で返済不能分の国庫支出／翌年 2 月閣議了解。主要銀行も債権 350 億円放棄で協力。
2000 (H12)	4．「水俣を子どもたちに伝えるネットワーク」発足。学校への出前授業を展開。 8．認定審査の問診記録で、求職中のことを「ブラブラ」と侮蔑的に表記していたことを緒方正実が指摘。潮谷義子熊本県知事、謝罪し改善を約す。
2001 (H13)	1．省庁再編で環境庁が環境省に改組。川口順子大臣が初代。 4．大阪高裁（岡部崇明裁判長）関西訴訟判決。国・県にも水質二法等適用の遅れで責任を認め、病像では「中枢神経損傷説」「二点識別覚検査」を採用。 1994 地裁判決を覆し高裁で初の行政責任判示。　→ 2004. 10　最高裁判決 10．市内で第 6 回水銀国際会議。閉会式で患者と市民「2001 水俣ハイヤ」披露。 12．検診未了のうちに死亡し、病院カルテ調査をせずに棄却された故・溝口チエ遺族の溝口秋生、県の棄却処分取消を求める行政訴訟を熊本地裁に提起。のち、認定義務付けも追加（棄却取消訴訟、溝口訴訟)。　→ 2012. 2 福岡高裁判決
2002 (H14)	9．ＵＮＥＰ（国連環境安全計画)、微量水銀による健康被害対策を各国に要請。 9．原田正純熊本学園大学教授ら、社会福祉学部で現場に学ぶ「水俣学」開講。
2003 (H15)	6．厚生労働省、メカジキやキンメの水銀値が高いとして妊婦に「摂食注意」。マグロ類を外したことを批判され、2 年後マグロやクジラも含める修正。
2004 (H16)	10．関西訴訟の最高裁判決。2001 大阪高裁判決を追認し患者勝訴が確定。以後、新たな認定申請者が続出。11 月、県（潮谷義子知事)、判決を受け水俣病対策を策定するも「沿岸 47 万人住民健康調査」は国の非協力で宙に浮く。

2005 (H17)	5「水俣病懇談会」(有馬朗人座長) 発足。翌年9月「救済制度の構築、地域福祉の推進、2.5人称の行政視点」などを小池百合子環境大臣に提言。 8. 熊本学園大、市内に水俣学現地研究センターを設立。 10. 不知火患者会(大石利生会長) チッソ・国・県に対し損害賠償訴訟を提起。2009 大阪、2010 東京、2009 新潟四次訴訟 (vs 昭電・国) とともに「ノーモア・ミナマタ訴訟」を展開、原告は総勢2千数百名。 →2010.4～ 司法和解 10. 国・県、総合対策医療事業による保健手帳の申請受付を再開(新保健手帳)。
2006 (H18)	2. 市山間部に計画中の大規模産廃処分場建設に反対する宮本勝彬前教育長が市長に当選。超党派の市民が擁立し、建設に中立を装う強権的な現職を破る。 4. ノーモア訴訟団の医師ら、「共通診断書」を作成し活用を呼びかけ。 5. 水俣病50周年に当たり衆参両院「水俣病50年決議」政府「小泉首相談話」。 11. 公害健康被害補償不服審査会、緒方正実の棄却を差し戻す裁決。翌3月認定。
2007 (H19)	4. 新潟の未認定患者、国・県・昭和電工に賠償を求め新潟地裁に提訴(新潟三次訴訟)。2013年、認定義務づけを求める提訴(新潟行政訴訟) /各、係争中 9. 与党プロジェクトチームの救済案。1995 第一次決着を下敷きとする内容。 10. 被害者互助会(佐藤英樹会長)、チッソ・国・県に賠償を求め熊本地裁に提訴(第二世代訴訟) 2015年、認定義務づけを求める提訴(行政訴訟) /各、係争中
2008 (H20)	4. 新潟水俣病懇談会提言で新潟県福祉条例。未認定患者に県独自の手当支給。 6. IWD東亜、県の厳しいアセス意見を受け水俣山間部の産廃処分場建設断念。
2009 (H21)	7. 与党案を軸に民主党修正を加えた「水俣病被害者の救済及び水俣病問題の解決に関する特別措置法」(特措法) が参議院で可決成立。患者や有識者、法が予定する「チッソの子会社株売却による免責」「指定地域解除」に強く抗議。 8. 沿岸住民健康調査団(原田正純委員長)、1044人を診て9割強に症状確認。
2010 (H22)	5. 現職首相として初めて慰霊式に参列した鳩山由紀夫首相「翌月からのUNEP国際会議で水俣条約を目指す」と表明。特措法救済の受付開始。 7. F氏認定義務付け行政訴訟で大阪地裁判決、1977 判断条件の「複数症状組み合わせ」には医学的根拠なしと判示し患者認定。 → 2013.4 最高裁判決
2011 (H23)	1. チッソ、前年末の環境大臣認可を受け子会社JNCを設立。4月、事業部門を全面譲渡、チッソは患者補償と債務返済に特化した持株会社となる。 3. 東日本大震災。以後、水俣の患者や住民は福島原発事故被災者と様々な交流。
2012 (H24)	2. 溝口訴訟、2008一審敗訴を覆し福岡高裁で勝訴。 → 2013.4 最高裁判決 6. 原田正純医師(熊本学園大) 逝去。享年77歳。特措法受付が2年2か月で終了。「一時金給」「医療費のみ」両申請者の合計は、熊本42,961、鹿児島20,082、新潟2,108、3県で65,151人。 9. 被害市民の会(坂本龍虹代表)、蒲島郁夫県知事に公健法認定の活用を申入れ。11. 特措法で「非該当」の判定を不服とし天草市などの32人が県に異議申立て。申立ては3県計200人余に及ぶも環境省「申立て不可」。新潟は独自に受理。 11. 国・県、特措法一時金の原資としてチッソに165.6億円を追加で融資。

■未認定を問う裁判続く。水銀条約は推進しつつ未認定患者は切り捨てる二重行政。

2013 (H25)	4．最高裁、溝口訴訟で県の上告を棄却し故溝口チエの認定義務づけを確定。F氏訴訟では原告敗訴の 2012 大阪高裁判決を破棄、高裁差し戻し。両判決で「単独症状でも認定の余地」「疫学を活用」と判示し、1977 判断条件の限界を指摘。 6．不知火患者会の未認定患者、国・県・チッソに 1 人 450 万円の賠償を求め熊本地裁に提訴。201 新潟五次・2014 東京・2014 大阪も同様の提訴で連携（ノーモア第二次訴訟、特措法訴訟）／各、係争中 10．水銀規制条約調印会議、市内で開会、緒方正実語り部の会会長挨拶。140 ヵ国代表らが集い熊本市で署名。内容の不足から「水俣条約」命名には反対の声も。 10．海づくり大会で来県した天皇皇后の水俣初訪問。稚魚放流し語り部らと交流。 10．公害健康被害補償不服審査会、下田良雄の棄却処分を取消す裁決。11 月認定。
2014 (H26)	3．環境省環境保健部長通知。認定にあたって、魚介類の多食･入手方法･有機水銀の体内濃度･居住歴･家族歴・職業歴等の確認を求める（新通知）。佐藤英樹、最高裁判決趣旨からの逆行を問い差止め～取消請求の提訴。東京地裁・高裁とも内容審議を避けて請求棄却、判決確定。 3．患者認定を得た川上敏行（関西訴訟原告団長）、公健法による県からの補償給付を求め提訴。熊本地裁敗訴・福岡高裁勝訴を経て 2017 最高裁が請求棄却判決。 6．超党派の「水俣病被害者とともに歩む国会議員連絡会」発足。
2015 (H27)	1．県検討委、水俣湾埋立地の鋼矢板護岸の腐食懸念に対し「当分維持できる」。 8．県、特措法救済指定地域外の受給対象者 3761 人と発表。汚染の広がり顕在化。 9．津田敏秀岡山大教授､食品衛生法による住民調査義務付けを求め提訴。同旨の佐藤英樹訴訟を継承。2016 東京地裁、2017 東京高裁で請求棄却、上告。／係争中
2016 (H28)	4．熊本地震で水俣は震度 4。熊本学園大、障害者も含め避難民に施設開放。 5．公式確認 60 年を機に患者団体の共同行動。住民健康調査要求の署名を展開。
2017 (H29)	2．カナダの水銀汚染被害民が 3 年ぶりに来日、水俣・熊本・東京で交流。 5．関西勝訴原告でのち公健法認定を得た患者（故人）2 名につき、大阪地裁、補償協定を受ける権利があると判示（地位確認訴訟）。／係争中 8．水銀規制の「水俣条約」が批准 50 カ国に達し発効。9 月、胎児性患者坂本しのぶ、ジュネーブの条約締結国会議に参加、終わらぬ水俣病を訴える。

作成　**久保田 好生**

著者紹介

【編集および章担当】

花田　昌宣（はなだ　まさのり）10章・あとがきにかえて

熊本学園大学社会福祉学部教授、同水俣学研究センター長

編著に『水俣病問題のいま：差別禁止法を求める当事者の声』（部落解放人権研究所、2017年）、『水俣病60年の歴史の証言と今日の課題』（熊本日日新聞社、2016年）、『いのちをつなぐ：水俣、福島、東北』（熊本日日新聞社、2015年）、『水俣学講義』（1～5集、日本評論社2004-2012年）、『水俣学研究序説』（藤原書店、2004年）ほか。

久保田　好生（くぼた　よしお）3章・まえがき・年表

東京・水俣病を告発する会（事務局）　元都立高校教諭

編集　川本輝夫『水俣病誌』、緒方正実『水俣・女島の海に生きる』（世織書房）

季刊『水俣支援　東京ニュース』（1977年～現在）

【章担当】（執筆順）

高峰　武（たかみね　たけし）1章

熊本日日新聞社論説顧問　（元熊本日日新聞社編集局長、元論説委員長）

編著　岩波ブックレット『水俣病を知っていますか』、『熊本地震２０１６の記憶』（弦書房）『新版　検証・免田事件』（現代人文社）、『検証ハンセン病史』（河出書房新社）ほか。

矢作　正(やはぎ　ただし) 2章

「技術と社会」資料館館長、元浦和大学総合福祉学部准教授

論文に「チッソ史　1975-80 Ⅰ」『技術史研究』83号（2016年1月)、「成長至上主義と企業ガバナンス問題　－水俣公害―」(渋谷博史他編『福祉の市場化をみる眼』ミネルヴァ書房、2004年10月)、「チッソ史　1960-65 安賃争議（1)」『浦和論叢』（1998年12月）ほか。

中地　重晴(なかち　しげはる) 4章

熊本学園大学社会福祉学部教授、同福祉環境学科長　(環境監視研究所 所長)

編著に『水銀ゼロをめざす世界』(熊本日日新聞社、2013年)、『水俣病60年の歴史の証言と今日の課題』(熊本日日新聞社、2016年)、『いのちをつなぐ：水俣、福島、東北』(熊本日日新聞社、2015 年)、『市民のための環境監視』(あっとわーくす、2008年）ほか。

森下　直紀(もりした　なおき) 5章

和光大学経済経営学部講師

2013年より現職。専門は、環境史、科学技術社会論、環境社会学。著書に『差異の繁争点：現代の差別を読み解く』(共著、ハーベスト社、2012年)、『原子力総合年表：福島原発震災に至る道』(共編、すいれん舎、2014年)、『異貌の同時代：人類・学・の外へ』(共著、以文社、2017年）ほか。

除本　理史(よけもと　まさふみ) 6章

大阪市立大学大学院経営学研究科教授、日本環境会議(JEC）事務局次長

主な著書に『公害から福島を考える』(岩波書店、2016年)、『原発賠償を問う』(岩波ブックレット、2013年)、『環境被害の責任と費用負担』(有斐閣、2007年)、『原発災害はなぜ不均等な復興をもたらすのか』(共編著、ミネルヴァ書房、2015年）ほか。

多田　治（ただ　おさむ）コラム1

一橋大学大学院社会学研究科教授

著書に『沖縄イメージの誕生』（東洋経済新報社、2004年）、『沖縄イメージを旅する』（中公新書ラクレ、2008年）、『社会学理論のエッセンス』（学文社、2011年）、『いま、「水俣」を伝える意味』（くんぷる、2015年、共著）、『社会学理論のプラクティス』（くんぷる、2017年、編著）ほか。

白木　喜一郎（しらき　きいちろう）コラム2

「天の魚」出前プロジェクト代表・舞台監督、東京水俣病を告発する会

論文：「拝啓　松下隆一様」（『東京・松下読書会ノートVol.1』、2010年）

田嶋　いづみ（たじま　いづみ）7章

「水俣」を子どもたちに伝えるネットワーク・代表、NPO法人ここずっと理事長、自営業経営

【伝えるネットのブックレット シリーズ】編集・執筆『　いま、「水俣」を伝える意味　～原田正純 講演録～』『私たちにとっての「水俣」』『市民がひらく「水俣」出前授業』『伝えることから明日の子どもたちへ　～いま聞く、田尻宗昭氏の講演録～』

井上　ゆかり（いのうえ　ゆかり）9章

熊本学園大学水俣学研究センター研究員

主な著書に「看護師として」『平成28年熊本地震　大学避難所　障がい者を受け入れた熊本学園大学震災避難所運営の記録』（熊本日日新聞社、2017年）、「現場と理論の往還道－水俣学の試み」『現代思想』（青土社、2015年）、「一人ひとりの生き方が問われた六年間」『水俣病と向きあった労働者の軌跡』（熊本日日新聞社、2013年）ほか。

いま何が問われているか　水俣病の歴史と現在

編集　花田昌宣・久保田好生

著者（執筆順）
高峰武・矢作正・久保田好生・中地重晴・森下直紀・除本理史・多田治
白木喜一郎・田嶋いづみ・井上ゆかり・花田昌宣

初版発行　2017年12月8日
印刷　モリモト印刷（株）
発行　（有）くんぷる

ISBN978-4-87551-174-8
本書についてのお問い合わせは info@kumpul.co.jp へメールにてお問い合わせください。
定価はカバーに記載されています。